《绿色建筑运行维护技术规范》
实 施 指 南

中国建筑科学研究院

路 宾 曹 勇 宋业辉 主编

U0391734

中 国 建 筑 工 业 出 版 社

图书在版编目（CIP）数据

《绿色建筑运行维护技术规范》实施指南/路宾，曹勇，宋业辉主编. —北京：中国建筑工业出版社，2015.10
ISBN 978-7-112-18398-2

Ⅰ.①绿… Ⅱ.①路… ②曹… ③宋… Ⅲ.①生态建筑-施工管理-指南 Ⅳ.①TU71-62

中国版本图书馆 CIP 数据核字（2015）第 202958 号

责任编辑：兰丽婷　石枫华
责任设计：张　虹
责任校对：姜小莲　党　蕾

《绿色建筑运行维护技术规范》实施指南
中国建筑科学研究院
路　宾　曹　勇　宋业辉　主编

*

中国建筑工业出版社出版、发行（北京海淀三里河路9号）
各地新华书店、建筑书店经销
北京红光制版公司制版
北京圣夫亚美印刷有限公司印刷

*

开本：787×960毫米　1/16　印张：10½　字数：197千字
2017年6月第一版　　2017年6月第一次印刷
定价：**46.00**元
ISBN 978-7-112-18398-2
（27634）

本 书 编 委 会

主　　编：路　宾　曹　勇　宋业辉

编写组成员：孟　冲　阳　春　刘益民　魏景姝

　　　　　　魏　峥　石　莹　刘　辉　付显涛

　　　　　　牛利敏　廖　滟　王碧玲　毛晓峰

　　　　　　武根峰　王　晨　仇志飞　李　冉

　　　　　　薛世伟　杨春华

前　　言

自 2006 年我国《绿色建筑评价标准》颁布实施以来，有效指导了我国绿色建筑的实践工作，获得绿色建筑标识的项目也得到了迅速发展。然而，我国大部分的绿色建筑还只是设计标识的项目，体现绿色建筑实际运行效果的运营标识项目的数量和面积都不到总量的 10%，所以运行维护将是绿色建筑未来发展中需要重点解决的问题。开展绿色建筑运行维护技术的研究，是保证绿色建筑运营实效的重要手段之一，可以有针对性地解决绿色建筑技术在运行阶段的贯彻落实问题。因此，建立绿色建筑运行维护技术标准体系，对降低建筑能耗、促进绿色建筑健康发展、发挥综合效益都具有重要的意义和作用。从 2013 年 12 月起，住房城乡建设部组织中国建筑科学研究院等 20 家单位，开展了《绿色建筑运行维护技术规范》（以下简称《规范》）的编制工作。

《规范》编写原则为相关技术措施如何在实际中进行合理优化运行维护。从系统调适与交付、运行技术、维护技术、规章管理制度等方面构建绿色运行维护技术指标体系。《规范》首次建立了绿色建筑综合效能调适体系，确保建筑系统实现不同负荷工况运行和满足用户实际使用功能的要求，从建筑能耗数据收集及分析、优化系统及设备使用时间、暖通空调系统节能、照明系统节能、室内室外空气管理等方面给出具体的低成本/无成本运行优化策略。充分考虑了不同功能建筑的使用差异性及"四节一环保"的管理全面性，技术指标合理，具有科学性、先进性、协调性和可操作性。

为配合《规范》的宣传、培训、贯彻及实施工作的开展，全面系统地介绍《规范》的编制情况和技术要点，帮助《规范》使用者理解和把握其中的有关内容，特组织中国建筑科学研究院等标准编制单位的有关专家编写了本书。全书分为三个部分：第 1 篇《绿色建筑运行维护技术规范》编制与应用概述，第 2 篇《绿色建筑运行维护技术规范》条文解读，第 3 篇绿色建筑运行维护技术研究报告。

本书的编写凝聚了所有参编人员和审查专家的集体智慧，同时在编写过程中，引用了多部国家标准、规范以及同行的多部文献和著作，在此一并表示诚挚的谢意。由于时间仓促、水平有限，本书难免有疏漏和不足之处，敬请读者批评指正，并提出宝贵意见。

中国建筑科学研究院编写组
2015 年 6 月

目　　录

第3篇　绿色建筑运行维护技术研究报告

第1篇 《绿色建筑运行维护技术规范》编制与应用概述

第1章 绿色建筑基础知识

1.1 绿色建筑概念与特征

1.1.1 绿色建筑概念

20世纪60年代，美籍意大利建筑师保罗·索勒瑞（Paola Soleri）将生态学和建筑学两词合并为"生态建筑学"，绿色建筑的理念随之诞生。与此同时，日本建筑师黑川纪章、菊竹清训等人也创建了新陈代谢建筑和共生建筑的设计思路。德国建筑师托马斯·赫尔佐格（T. Herzog）、鲍罗·索勒里（P. Soleri）和生态学家约翰·托德（J. Todd）等自20世纪60年代至70年代初分别提出了生态建筑的设计理念，并根据所采用技术的高低将其区分为城市和乡村类型的生态建筑。英国哈德斯菲尔德大学建筑学教授布赖恩·爱德华兹（Brian Edwards）等人从众多的欧盟环境保护条约和法规对建筑的要求中，提炼归纳了如何减少建筑对自然环境影响的若干原则，并形成了可持续性建筑的一系列新概念。1969年在《设计结合自然》一书中，美国风景建筑师麦克哈格提出人、建筑、自然和社会应协调发展并探索了建造生态建筑的有效途径与设计方法，标志着生态建筑理论的确立。20世纪70年代的石油危机使人们发现，消耗自然资源最多的建筑产业要走可持续发展道路才能有更加长远的发展，意识到传统的建筑模式不仅危害环境，而且对社会经济、生活和居民健康造成很多负面影响，如化石燃料的开采和燃烧，建筑废弃物的处置不当等。因此，发达国家开始重视建筑节能技术的研究，太阳能、地热、风能、节能围护结构等新技术应运而生。

随着此类研究的逐步深入，它们之间的分歧越来越少，殊途同归的绿色建筑概念越来越清晰了。由此可见，绿色建筑实际上是上述各种各样的学术研究和实践之集大成者，是建筑学领域的一次持久的革命和新的启蒙运动，其意义远远超过能源的节约。它从多个方面进行创新，从而使建筑与自然和谐，充分利用可再生资源、水资源和原材料，并由此逐步形成符合可持续发展要求的绿色建筑的设计理念和技术规范。

《绿色建筑评价标准》GB 50378 对绿色建筑的定义为：在建筑的全寿命周期内，最大限度地节约资源（节能、节地、节水、节材），保护环境和减少污染，为人们提供健康、适用、高效的使用空间，与自然和谐共生的建筑。

所谓绿色建筑的"绿色"，并不是指一般意义上的立体绿化、屋顶花园，而是指建筑对环境无害，能充分利用环境自然资源，并且在不破坏环境基本生态平衡条件下建造的一种建筑。绿色建筑是追求自然、建筑和人三者之间和谐统一，并且符合可持续发展要求的建筑，其核心内容是尽量减少能源、资源消耗，减少对环境的破坏，并尽可能采用有利于提高居住品质的新技术、新材料。

绿色建筑的选址、布局合理，尽量减少使用人工合成材料，充分利用阳光、自然通风等资源，节省能源，在为居住者创造一种接近自然的感觉的同时可以减少环境污染。充分利用太阳能、风能，采用节能的围护结构，减少采暖和空调的使用，减轻建筑本身对环境的负荷。在建筑设计、建造和建筑材料的选择中，减少和有效利用非再生资源，如中水循环利用、低速洗浴喷头、高压冲厕、建筑屋顶和外表雨水收集利用等。绿色建筑外部与周边环境相融合，和谐一致、动静互补，做到了与自然生态环境的和谐统一。

我国是建筑业大国，建筑业已经成为国民经济的支柱产业之一。现有城镇建筑面积 400 多亿平方米，"十二五"期间，预计城镇化率的年增长速度将保持在 0.8% 左右，全国城镇累计新建建筑面积将达到 40~50 亿平方米。作为耗能第一大户的建筑业，推进绿色节能建筑是近年来建筑发展的一个基本趋势，也是建设资源节约型、环境友好型社会的重要环节，因此在我国发展绿色建筑是一项意义重大且十分迫切的任务。绿色建筑在中国的兴起，既顺应了世界经济增长方式转变的潮流，又是中国建立创新型国家的必然组成部分，具有非常广阔的发展前景。

1.1.2　绿色建筑特征

与传统建筑相比，绿色建筑主要有以下几点特征。

1. 绿色建筑规划选址合理

选址，包括区域的规划和单体建筑两方面的选址。如果说"绿色建筑"是一个庞大的系统的话，那么，正确的选址，就是使这个系统得以正常、有序、稳定发展的基础，是最可以发挥"绿色建筑"对城市发展起到有效作用的前提。以城市 CBD 的选址为例，只有具备了明显的区位优势（在城市的核心地段、便利的交通条件）、完善的基础设施（各种系统完备）、充足的用地条件（有持续发展的用地扩展）以及浓郁的商务氛围（聚集了各大企业及金融机构等）的地段，才是 CBD 能够维持生存并不断发展的基础条件。

在区域规划方面，例如居住区本身的平面布局、交通组织、环境设计、配套文教、配套商业等方面的综合设计，最终所要达到的效果就是为居民营造出一个健康、舒适和高效的生活空间。应当是在充分研究、分析了基地的自然资源、地形地貌、人文环境之后，所进行的符合用地条件的建筑布局规划、建筑单体设计，以实现人和环境的和谐相处。

2. 绿色建筑节约资源、减少污染

资源包括能源、土地、建筑材料以及水资源，在充分利用的基础上，应尽量减少对环境的污染，包括建筑的光污染、垃圾处理等。数据显示，我国现有建筑中95％达不到节能标准，对社会造成了沉重的能源负担和严重的环境污染。同时建设中还存在土地资源利用率低、水污染严重、建筑耗材高等问题。

（1）节能

采用被动优先、主动优化的节能策略，尽可能减少外部能源消耗。如根据不同气候特点设计，采用太阳能供暖和降温系统以及自然照明；或者采取综合的节能措施，如：房屋的屋顶安装太阳能光电板，社区雨水收集进行再利用，无动力排风系统、风力发电等一系列措施，通过对这些可再生能源的利用来降低建筑的能耗。

（2）节地

进行土地的集约化利用（如现在政府倡导的中小户型，通过小面宽、大进深的合理的户型设计，可以在相同面积的土地上建造更多的房子），提高用地的使用率，然后在有限的土地上增加更多绿地和活动空间，既满足了人的居住需求，也提升了人们的生活质量。

（3）节材

尽量多地利用当地的材料，结合当地的人文历史背景，设计出适宜而又独具特色的建筑风格。切勿盲目地追求建筑的高度，以及累赘的装饰、大面积的玻璃幕墙等建筑手段，来标榜城市发展的现代化进程，这是极大地消耗建筑材料的不可取的做法。

（4）节水

绿色建筑的节水并不是简单地节约用水，而是合理用水。必要水量的节约使用以及尽可能减少水量流失的可能性。前者包括各种卫生洁具用水量的分类控制，也就是多研究一些节水型的设备。后者则要考虑水龙头、水管等设施的漏水处理等。也包括一些公共水景的设计，可以通过中水回用，最大效率地多次使用水资源，但最好避免大面积水景景观的出现。

（5）垃圾分类处理

可以通过垃圾分类，实现垃圾的无害化、资源化、减量化处理。这样不但能创造巨大的社会价值，也可以减轻环境的负担。

3. 绿色建筑注重舒适的室内外环境

建筑的外部环境通过建筑与街道的关系、与周边建筑及环境的协调，创造出舒适的公共空间。建筑的外部环境处理，不仅要与城市的设计与周边建筑的设计相协调，同时也要考虑与周边的交通组织体系相衔接，包括停车场与公众的活动空间。

公共建筑的室内环境包括自然采光、自然通风、室内的绿化营造、内部交通的便利性以及公共的活动与交流空间的布置安排，需要全方位地关注。房间的格局、套型的居室数、厨卫的个数、面积大小、储藏间的布置，以及空间的尺度感觉、户型的流线设计，则是营造居住建筑舒适度的主要因素。

1.2　绿色建筑的评价体系

20 世纪 90 年代以来，世界各国都发展了各种不同类型的绿色建筑评价体系，为绿色建筑的实践和推广做出了重大的贡献。按其主要目的，可把它们分为三类：

1. 建筑设计及决策支持工具

这类评估体系主要针对设计方案或新建建筑，以辅助设计与辅助决策为主要目的。它强调在绿色建筑实施的过程中施加影响。预测结果可反馈到设计或实施阶段。通过推荐具体技术、管理方式、计算机模拟分析等手段，使实施者可不断调节方案，以达到设定目标。

2. 分析对比与性能评价工具

该类评估体系主要针对已使用建筑。与第一类强调过程不同，它重在考察结果。一般用来对不同建筑进行对比或对建筑的真实性能进行鉴定。通常它采用实测、调查等手段得到评价结果。Ecoffect、NABERS 等属于这类工具。

3. 综合工具

此类评估体系为前两类工具的结合，它通过系统结果和内容的设置，综合了辅助设计和性能评价等功能。对设计方案、新建建筑和已使用建筑都能够进行评估。如 BREEAM、LEED。

围绕绿色建筑的概念，这些评估工具大都采用多目标多层次的综合评估方法。目前所有绿色建筑综合评估对建筑及业主都是自愿而非强制性的，但随着其发展及成熟，相信绿色建筑评估会对建筑实践起到更多的规范作用。

1.2.1　国外绿色建筑评价体系

英国建筑研究组织环境评价法（Building Research Establishment Environment Assessment Method，BREEAM）是由英国建筑研究中心于 1990 年推出的

建筑环境评估方法，也是世界上第一套绿色建筑评估体系，其目的是通过对建筑的绿色实践进行指导，来降低建筑对全球环境的影响。经过多年发展，BREE-AM 建立成在全生命周期内对各类建筑性能进行评估的综合体系，评估内容包含管理、能源、健康舒适、交通、水资源、材料、土地利用、污染、生态环境等方面。BREEAM 的优点是操作简单便于理解，并且体系开放。

能源与环境设计先导评级体系（Leadership in Energy & Environment Design Building Rating System，LEED™）是美国绿色建筑协会制定的一套推广建筑一体化流程并提高建筑环境与经济特性的评价体系，它从全生命周期的角度考察各类建筑的性能，为建筑的绿色设计、施工和运营提供一个明确的标准。该体系从场地设计、水资源、能源与环境等 7 个方面进行绿色评价，建筑在评价时首先要满足前提条文，之后再在得分条文上进行判定。在权重体系方面，美国 LEED™ 体系采用了无权重系统（或线性权重系统），并通过不同指标可获得的最高分数的多少来体现指标重要性的差别。体系采用了与评价基准进行比较的方法，即当建筑的某个特性达到规定标准时，便会获得一定的分数，指标项的得分简单相加便获得总得分，此种评分方式简化了操作过程。评估后根据得分数高低，合格者共分为 4 个评估等级，分别为"合格认证"、"银质认证"、"金质认证"、"白金认证"。

绿色建筑挑战是由加拿大发起并由多个国家共同参加的一项国际合作行动，其主旨是通过对"绿色建筑评价工具"（GBTOOL）的开发，形成一套在各国间统一的性能参数指标。GBTOOL 对建筑的评价内容从各项具体标准到建筑总体性能。所有评价的性能标准和子标准的评价等级被设定为从 −2 分到 +5 分，评分系统中的评分标准相应也包括了从具体标准到总体性能的范围。通过制定一套百分比的加权系统，各个层系的分值分别乘以各自的权重百分数之后相加，得出的和便是高一级标准层系的分值。因此，建筑各个方面的环境性能都可以直观地以分值表达出来。在权重体系方面，GBTOOL 体系采用 4 级权重的方法，其中前两级权重固定，是整个评价体系的主要评价方面，后两级可以根据使用 GBTOOL 体系的国家的实际情况自行决定。因此，GBTOOL 体系具有灵活多变的特点和广泛的适用性，但同时这也使评价过程变得过于烦琐，导致整个评价体系在市场推广上难度较大。

德国在 2008 年正式推出了第二代可持续建筑评估体系——DGNB。DGNB 不仅是绿色建筑标准，而且是涵盖了生态、经济、社会 3 大方面因素的第二代可持续建筑评估体系。推出了建筑全寿命周期成本的科学计算方法，包含建造成本、运营成本、回收成本的动态计算。DGNB 的认证过程能在项目的初期阶段为业主提供准确可靠的建筑建造和运营成本分析，使绿色建筑真正能够达到既定的建筑性能优化和环保节能目标，展示如何通过提高可持续性获得更大经济回报。标准以确保达到业主及使用者最关心的建筑性能为核心，如建筑能耗、室内舒适度、环境指标等，而不是以简单衡量有无措施为标准，这种方式为业主和设计师达到目标提供广泛途径。而第一代评估体系许多方面只是简单考察是否采用某项技术，这类技术有时只提高建造和维护成本，对业主、使用者和节能环保没有任何意义。

CASBEE（Comprehensive Assessment System for Building Environment Efficiency）由日本 JaGBC 和 JSBC 及其附属组织共同合作开发，是一种评价和划分建筑环境性能等级的方法。其引入的全新的理念是，从两个角度来评价建筑，包括建筑的环境质量与性能（Q= quality）和建筑外部环境负荷（L=load）。当评价建筑综合环境性能时，定义一个新的综合评价指标，即建筑环境效率指标（Building Environmental Efficiency，BEE），BEE= Q/L。CASBEE 体系中引入环境效率属世界首创，为了定义 BEE 中的 Q 和 L 引入了"假想边界"的概念。Q 项为假想边界以内的环境质量改善评价指标，L 项为假象边界外环境影响评价指标。BEE 指标评价方法如图 1-1 所示。BEE 的代表值在下面坐标系中反映出来，其中 X 轴代表"L"值，Y 轴代表"Q"值。BEE 值是以过原点的一条直线的斜率来表达。并定义 BEE=1 的建筑为标准建筑，Q 值越大则 BEE 值越大，对应的 L 值越大则 BEE 值越小。斜率越陡峭则对应的建筑越是符合可持续发展建筑特点，随着 BEE 值的变化将建筑划分为以下几个等级：优秀（S），很好（A），好（B+），比较差（B−），差（C）。基于环境效率的 CASBEE 与其他评价体系相比很有优势。

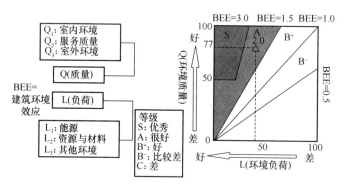

图 1-1 BEE 的定义及评价结果图表

综上所述，各国出现了各种不同类型的绿色建筑评价体系，在体系指标方面，"环境"和"健康"是各个评估体系共同关注的内容；在环境方面各国评估体系主要考察建筑对自然资源的消耗和对自然环境的破坏两个方面，具体涉及能源、材料、土地、水等方面；在健康方面主要考察与人健康密切相关的环境质量，如空气品质、热舒适度、通风等因素。除此之外，在运营管理、成本与经济，以及创新机制等内容上每个体系各有侧重。对各国绿色建筑评价体系指标进行的对比分析见表 1-1。

各国绿色建筑评估体系指标对比分析表 表 1-1

体系名称	BREEAM	LEED	GBTOOL	DGNB	CASBEE
国别	英国	美国	多国	德国	日本
主要指标类型	1. 管理 2. 良好状态 3. 能源 4. 交通 5. 水资源消耗 6. 材料 7. 用地 8. 生态 9. 污染	1. 可持续发展的场地 2. 水的利用效率 3. 能源及空气 4. 材料及资源 5. 室内环境质量 6. 创新及设计方法	1. 资源消耗 2. 环境负荷 3. 室内环境 4. 可维护性 5. 经济性 6. 运行管理 7. 便利及交通	1. 生态质量 2. 经济质量 3. 社会及功能质量 4. 技术质量 5. 过程质量 6. 场地质量	Q：建筑品质性能 Q1：室内环境质量 Q2：服务质量 Q3：户外环境质量 L：环境负荷 L1：能源负荷 L2：资源及材料负荷 L3：周边环境负荷 BEE：建筑环境效率
评价种类	新建、改造生态住宅、社区、运营	新建、既有、商业装修、建筑结构、住宅、社区开发	新建	新建、改造、升级、既有	新建、既有、改造、单栋住宅、城市区域、热岛
类型细分	办公、工业、商场、中小学、继续教育、高等教育、保健、多层住宅、监狱、法院、机房	比较笼统，但对住宅、学校、商场、保健等建筑做单独评价	办公楼、居住区楼和学校建筑	办公、商业、工业、教育设施、居住建筑、酒店、城市区域	办公、学校、商场、餐饮、会所、工厂、医院、宾馆、公寓、单栋住宅

由表 1-1 可知，各国的绿色建筑评估体系都有明确的组织体系，并且将实施目标和评价标准联系起来，同时都具有定性和定量的评价关键点。这些关键点体现了各个国家对绿色建筑实践的技术层面及文化层面的思考与研究。各国评估体系中都还包括一定数量的具体指导因素或综合指导因素，为评估提供更清晰的指示。

1.2.2 国内绿色建筑评价体系

中国在绿色建筑评估体系的研究方面起步较晚，但发展很快，已形成了几套生态住宅建筑评价体系的框架。目前，国内较权威的绿色建筑评估体系有：（1）《中国生态住宅技术评估手册》（2001 年发行第一版，2003 年完成第三次升级）；（2）为了实现把北京 2008 年奥运会办成"绿色奥运"的承诺，于 2002 年 10 月立项了"绿色奥运建筑评估体系研究"课题；（3）2006 年 6 月 1 日实施的《绿色建筑评价标准》。

《中国生态住宅技术评估手册》以可持续发展战略为指导，以保护自然资源，创造健康环境、舒适的居住环境，与周围环境生态相协调为主题，旨在推进我国住宅产业的可持续发展。本手册参考了国外绿色建筑的评估体系以及有关的资料，从小区环境规划设计、能源与环境、室内环境质量、小区水环境、材料与资源等五个方面对居住小区进行评估，并兼顾社会、环境效益和用户权益。主要包括规划设计的综合评价、基本性能评价、建筑寿命周期环境评价及后期验证四个方面。但是该评价体系还存在着一些问题，如：定量指标所占比重太少而定性指标过多，一些应该有硬性数据的指标缺乏应有的数据，取而代之的是含糊或建议性的词语，如此使评价过程缺乏客观约束而容易受人为因素影响。评价体系中某些指标标准过低，不能实现减少建筑物对环境不良影响的作用。

"绿色奥运建筑评估体系"是国内第一个有关绿色建筑的评价、论证体系。它不但包括上百项绿色建筑标准，而且还面向评估机构专业人员推出了具体的评估打分办法。这套评估体系还包括绿色建筑评估软件，专业人员利用计算机对建筑是否为"绿色"进行智能化评估。该评估体系用来指导和评价奥运建筑设计建造和管理的全过程。根据我国建设项目的实际情况，按照全过程监控、分阶段评估的指导思想，评估过程由规划阶段、设计阶段、施工阶段、验收与运行管理阶段四个部分组成。根据每个阶段的特点制定了相应的评估体系，通过对各个阶段的控制，保证绿色建筑的最终实施。绿色奥运建筑评估体系课题在引进建筑全生命周期分析的方法上，提出了全过程控制的观点与相应的评估方法，用 Q-L 双指标体系及权重体系对我国的绿色建筑进行评价，其评价具有科学性和易操作性，并开发了一批与评估体系匹配的、可进行定量模拟计算、优化指导设计的软件。其缺点是未涉及经济性评价。

《绿色建筑评价标准》的编制原则为：借鉴国际先进经验，结合我国国情；重点突出"四节"与环保要求；体现过程控制；定量和定性相结合；系统性与灵活性相结合。这是我国第一部从住宅和公共建筑全寿命周期出发，多目标、多层次地对绿色建筑进行综合性评价的推荐性国家标准。其评价指标体系包括以下六大指标：节地与室外环境；节能与能源利用；节水与水资源利用；节材与材料资源利用；室内环境质量；运营管理。各大指标中的具体指标分为控制项、一般项和优选项三类。目前我国的生态建筑评估研究还处于初始阶段，现有的评估体系很大程度上参考了美国的 LEED，评估重点在于环境影响，而在评价标准的整体性、层次性、经济可行性、定量分析所占比重以及相关制度的建立方面，我国绿色建筑评价体系还有待完善。

1.3　绿色建筑发展现状

我国绿色建筑评价标识项目数量一直保持着强劲的增长态势。数据显示，截止到 2013 年 12 月 31 日，全国共评出 1446 项绿色建筑评价标识项目，总建筑面积达到 16290 万平方米，（详见图 1-2～图 1-4），其中，设计标识项目 1342 项，占总数的 92.8%，建筑面积为 14995.1 万平方米；运行标识项目 104 项，占总数的 7.2%，建筑面积为 1275.6 万平方米。从项目数量和面积上来看，2008～2010 年，绿色建筑标识项目数量和面积增长较缓慢，2011～2013 年增长速度很快，2013 年的项目数量和面积与前五年的总和相当。其中，一星级和二星级绿色建筑的发展规模远高于三星级绿色建筑的发展规模。

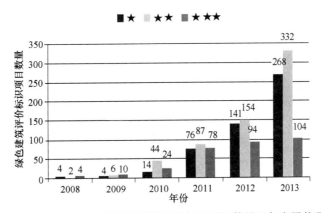

图 1-2　2008～2013 年绿色建筑评价标识项目数量逐年发展状况

我国绿色建筑进入快速发展道路，真正体现绿色建筑发展效果的运行标识只有 104 项，仅占总数的 7.2%。设计与运营存在极大不平衡，如何保证取得绿色建筑设计标识的建筑能够按照设计要求交工并运营，是当前绿色建筑面临的重点问题。绿色建筑强调节水、节地、节能、室内环境的协调发展，更加注重从设计、施工到运营管理的全过程绿色，而非结果控制。虽然现在很多建筑在设计阶段被称为绿色，但建筑节能市场存在一大误区，即认为采用节能技术以及节能材

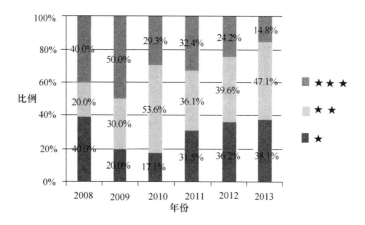

图 1-3 2008～2013 年绿色建筑评价标识项目各星级比例图

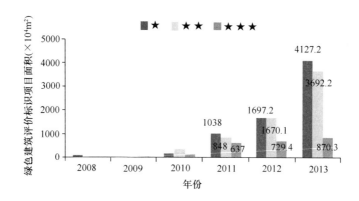

图 1-4 绿色建筑评价标识项目面积逐年发展状况

料就一定会节能，事实上并非如此，目前甚至有些绿色建筑的能耗比一般建筑还要大。换言之，绿色设计、绿色建造均是投资的过程，只有建筑在被交付使用后，实行绿色运行，才会将绿色设计、绿色建造、绿色技术的特点发挥出来，形成长期累积的节能、绿色效应。

目前，我国正处在绿色建筑工作推进的关键时期。国家相继出台"十二五"节能减排综合性工作方案、"十二五"建筑节能专项规划、关于加快推动我国绿色建筑发展的实施意见、绿色建筑行动方案、"十二五"绿色建筑和绿色生态城区发展规划等重要政策文件，提出了"十二五"期间，我国将完成新建绿色建筑10亿平方米；到 2015 年末，20%的城镇新建建筑达到绿色建筑标准要求；政府投资的国家机关、学校、医院、博物馆、科技馆、体育馆等建筑，直辖市、计划单列市及省会城市的保障性住房，以及单体建筑面积超过 2 万平方米的机场、车站、宾馆、饭店、商场、写字楼等大型公共建筑，自 2014 年起全面执行绿色建筑标准；2015 年起，直辖市及东部沿海省市城镇的新建房地产项目力争 50％以上达到绿色建筑标准。

第 2 章 《绿色建筑运行维护技术规范》编制概况

2.1 《绿色建筑运行维护技术规范》编制背景

"十二五"期间，我国将完成新建绿色建筑 10 亿平方米；到 2015 年末，20％的城镇新建建筑达到绿色建筑标准要求。在这一宏伟的战略目标及难得的发展机遇面前，绿色建筑的发展面临着巨大的挑战，一是快速发展与健康发展的问题，目前绿色建筑设计评价标识项目的数量急剧攀升，绿色建筑评价标识也逐渐得到了一定的落实。但是绿色建筑技术在运行和维护当中的情况却无法把控，先进的理念及设计难以贯彻到实际应用；二是如何实现以实际应用效果为导向的绿色建筑发展形态，现在世界范围内存在大量高能耗、高运行费用的绿色建筑为社会所诟病；三是纯粹的技术堆砌无法支撑绿色建筑的长期发展，大量的增量成本无法在运行阶段为业主或社会带来可持续的收益。

绿色建筑运行维护技术体系存在巨大的社会需求，第九届国际绿色建筑和建筑节能大会（2013 年）指出"中国的绿色建筑虽然起步晚，但是发展速度很快，数量每年翻一番，高于世界水平。但是另一方面，绿色建筑当前存在三大问题，一是高成本绿色建筑技术实施不理想，二是绿色物业脱节，三是 20％常用绿色建筑技术有缺陷，未合理运行。"另外，国家层面也通过发文的方式高度重视绿色建筑的高效运行问题。国务院发布的《国务院办公厅关于转发发展改革委住房城乡建设部绿色建筑行动方案的通知》中指出："尽快制（修）订绿色建筑相关工程建设、运营管理、能源管理体系等标准"。财政部和住建部联合发布的《关于加快推动我国绿色建筑发展的实施意见》中指出："尽快完善绿色建筑标准体系，制（修）订绿色建筑规划、设计、施工、验收、运行管理及相关产品标准、规程"。住建部发布的《"十二五"绿色建筑和绿色生态城区发展规划》中指出："注重运行管理，确保绿色建筑综合效益"。在此背景下，住房和城乡建设部发布标准制订计划，由中国建筑科学研究院、中国物业管理协会会同有关单位研究编制行业标准《绿色建筑运行维护技术规范》（以下简称《规范》）。

2.2　《规范》工作开展情况

2.2.1　标准调研

通过国内外文献调研，在整个建筑全周期过程中，发现建筑的设计、施工、验收、评价等各个方面体系较为完善，但是建筑的运行维护技术标准体系缺失，仅有具体设施设备或系统的运行维护标准。在对国内外相关标准进行总结梳理过程中，形成两个版本的标准框架：标准大纲一是分专业进行划分，如建筑环境运行与维护、景观环境运行与维护、给水排水系统运行与维护、采暖通风与空气调节系统运行与维护、建筑电气系统运行与维护。标准大纲二是根据建筑运行维护的过程进行划分，如综合效能调适—运行技术—维护技术—规章制度管理。

1. 专业标准

《空调通风系统运行管理规范》GB 50365；

《空气调节系统经济运行》GB/T 17981；

《供热系统经济运行》Q/CNPC43；

《城镇燃气设施运行、维护和抢修及安全技术规程》CJJ 51；

《城镇供水厂运行、维护及安全技术规程》CJJ 58；

《洁净室及相关受控环境　第 5 部分：运行》GB/T 25915.5；

《生活垃圾卫生填埋气体收集处理及利用工程运行维护技术规范》CJJ 175。

2. 国外标准

Code for operation and maintenance of nuclear power plants，ASME；

Guide for Commissioning，operation and maintenance of hydraulic turbines。

3. 相关其他运行标准

《燃煤电厂环保设施运行状况评价技术规范》DL/T 362；

《电力调度自动化运行管理规程》DL/T 516；

《水轮机调节系统及装置运行与维护规程》DL/T 792；

《核电厂运行绩效评价准则》EJ/T 1199。

2.2.2　已经开展的编制情况

通过前期调研分析，成立了《规范》编制组，并已经召开四次工作会议，形成了《规范》送审稿。

2014 年 1 月，召开《规范》编制专家研讨会，以"编制背景—编制基础—

难点—标准结构—编制讨论"为主线进行汇报，最后专家对规范定位及形成的标准框架进行讨论，最终形成"按照运行维护过程框架进行标准内容编制，指标体系中的二级指标按专业进行划分"新版大纲。

《规范》编制组成立暨第一次工作会议于 2014 年 3 月 26 日在北京召开。会议讨论并确定了《规范》的定位、适用范围、编制重点和难点、编制框架、任务分工、进度计划等，重点根据《规范》初稿讨论编制章节应考虑的因素。

《规范》编制组第二次工作会议于 2014 年 7 月 8 日在湖州召开。会议讨论了各章节的总体情况，进一步讨论了《规范》的使用对象、适用范围、技术重点和逐条技术内容等方面内容。会议还特别邀请了日本 UR 都市机构细谷清先生与编制组交流了 UR 都市机构运行维护经验、生态城指标体系、建筑物环境计划书和节能性能评价等方面内容。

《规范》编制组第三次工作会议于 2014 年 10 月 16 日在长沙召开。会议对《规范》初稿条文进行逐条交流与讨论，明确标准涵盖的过程为竣工验收后的系统综合效能调适及运行维护，形成了《规范》征求意见稿初稿。

《规范》征求意见稿于 2014 年 12 月 24 日在国家工程建设标准化信息网公示，正式向社会公开征求意见。

《规范》编制组第四次工作会议于 2015 年 3 月 26 日在北京召开。会议对各单位提出的意见进行逐条回复讨论，对于暂时无法确定的，会后咨询相关专家确定。

2.3　《规范》内容框架和重点技术问题

2.3.1　《规范》内容框架

《规范》征求意见稿共包括 8 章，前 3 章分别是总则、术语和基本规定；第 4 章～第 8 章分别是系统调适与交付、运行技术、维护技术、规章管理制度和附录。

2.3.2　重点技术问题

2.3.2.1　技术体系定位

从绿色建筑的全周期过程定位，绿色建筑应分为绿色建筑设计标识、评价标识和运行维护评价三个阶段。绿色建筑的运行维护技术评价与现行的《绿色建筑评价标准》共同构成绿色建筑三角支撑评价体系（图 2-1），《绿色建筑评价标准》中的设计标识为绿色技术的选择评价，评价标识为绿色技术的落实评价，而本《规范》为绿色技术的如何合理优化运行维护评价。明确了《规范》编写原则

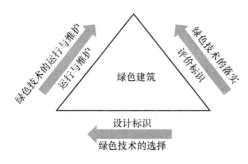

图 2-1　绿色建筑三角支撑评价体系构建

为相关技术措施如何在实际中进行合理优化和运行维护，而不是针对如何进行指标规定和技术的落实。

2.3.2.2　技术指标构建

技术指标构建基于过程的运行维护管理体系，同时在二级指标设置过程中按照专业进行分类：一是按照过程体系构建，使整个建筑形成一个闭环系统，从设计一直到后期运行维护，过程明晰；二是物业管理单位人员按专业配置，便于相关人员参考本规范的技术方法，促进《规范》的落地实施；三是目前的工程建设标准主要按专业设置，便于本规范与相关专业标准的统筹协调。

2.3.2.3　适用建筑类型

民用绿色建筑和工业绿色建筑因使用功能和工艺特点的不同，其运行维护技术和管理制度也会存在一定的差异。本规范主要针对民用绿色建筑的运行维护技术和管理制度进行编制，但工业绿色建筑可参照共性要求的相关条款执行。

2.3.2.4　综合效能调适

首次在绿色建筑调适过程中引入国外 commissioning（调适）的概念，重点解决在于建筑动态负荷变化和实际使用功能要求复杂的情况下，使建筑各个系统满足设计和用户的使用要求。综合效能调适与"传统调试"之间的区别详见 5.1 节的内容。

2.3.2.5　低成本/无成本技术

根据规范编写的定位，对绿色建筑的技术体系进行全面梳理，形成百项低成本和无成本运行维护技术。基于不同绿色建筑技术体系，分别提出针对性的建筑环境、景观环境、空调系统、给水排水系统、电气自控系统等实现低成本和无成本的运行优化方法和条文规定。

2.3.2.6　绿色规章管理制度

通过如下三个方面的规章管理制度体现绿色运行特点：一是突出物业管理单位接管验收程序，促进施工单位提高建设质量，加强物业管理和建设的衔接，确保物业管理的安全和使用功能。二是加强绿化、环保、节能运行、设备监测等管理制度，体现出绿色建筑的节能效益、环境效益。三是管理信息化要求，包括物业办公管理及文档管理信息化，采用信息化系统进行工作计划的分配和管理，档案文件实现电子化存储。

第3章　建筑运行维护技术的发展历史与演化

建筑是人们为了满足社会生活需要，利用所掌握的物质技术手段，并运用一定的科学规律、风水理念和美学法则创造的人工环境。建筑构成三要素是建筑功能、建筑技术和建筑艺术形象。建筑的设计和建造除了要满足设计师对艺术形象的追求，更应该注重的是它的使用功能，而建筑的使用主体是人，而为了维系一个健康、高效、舒适的使用环境，系统科学的运营管理方法显得尤为重要。在经历了短暂的建造阶段之后，建筑将迎来数十年甚至百年的运行历程，多样的建筑技术的应用，需要在这期间精心的运营维护，才能使建筑的使用功能发挥最大的价值。

2006年，《绿色建筑评价标准》的颁布实施宣告我国建筑市场进入真正的绿色化时代。绿色建筑的理念不仅涵盖建筑自身的设计和建造，而是涵盖了建筑全寿命周期的各个阶段的绿色化理念。其中，作为建筑历经时间最长的运营阶段，运行维护技术的发展，影响着建筑的持续发展，也关系到建筑对环境的影响，是建筑寿命中不容忽视的重要环节。

建筑的运行维护技术的发展，与物业管理水平的不断提升息息相关。物业管理是集管理、经营、服务为一体的有偿劳动，是物业社会化、专业化、企业化的有效途径。广义的物业管理泛指一切围绕房地产发展、租赁、销售及售租后的服务；狭义的物业管理则指楼宇的维修及相关设备设施的管护，治安保卫、清洁卫生、绿化、餐饮等内容。物业管理的对象是物业，服务的对象是人。通过专业化的物业管理，可以以更经济的方法为房屋、居住环境、物业维修等方面提供高效、优质、经济的服务，实现社会、经济、环境效益的同步增长。

改革开放以后的物业管理分为三个时期：物业管理的起步期、物业管理的发展期、物业管理的规范期。

1. 第一阶段：我国物业管理的起步初期

1981年3月10日，深圳市物业管理公司诞生。该公司以管理商品房为主，在经济上独立核算、自负盈亏。他们借鉴香港先进的管理方法和经验，并结合特区的实际情况，对旧体制进行改革，由单纯的管理型公司向服务经营型企业转变，按照商品化、企业化管理房产的原则，建立起"综合收费，全面管理服务，独立核算，靠企业自身经营运转"的商品化房管体制。1985年底，深圳市房管局成立，对全市住宅区进行调查研究，肯定了深圳市物业管理公司专业化、社会化、企业化的管理经验，并在全市推广这种做法。深圳市房管局还进一步从财务管理、监督、专业队伍的组织、目标承包管理责任制的推行等方面予以调控，以加快住宅区管理向规范化、制度化、专业化方向发展。截至 1988 年，由企业实施管理、房管局进行监管的住宅区管理体制在深圳市已基本形成。

2. 第二阶段：我国物业管理的发展期

1993 年 6 月，深圳市物业管理协会正式成立，它表明我国物业管理进入了一个新的时期。1994 年 4 月，建设部 33 号令颁布《城市新建住宅小区管理办法》指出"住宅小区应当逐步推行社会化、专业化的管理模式，由物业管理公司统一实施专业化管理。"从此，上海、广州、深圳等物业管理市场初步形成。1996 年 2 月，《关于深入住房制度改革的决定》出台，提出"加强售出房维修管理服务，发展社会化的房屋维修市场……改革现行的城镇住房管理体制，发展多种所有制形式的物业管理和社会化的房屋维修、管理服务。"1996 年 9 月，建设部发文《关于实行物业管理企业经理、部门经理、管理员岗位培训持证上岗制度的通知》，规定了物业管理企业管理、服务人员实行培训持证上岗。1998 年，中央三号文件规定："取消各种不合理税费，降低住宅造价，提高建房质量，并加强物业管理"，同年 3 月，李鹏总理在全国人大九次代表大会上所作的政府工作报告中明确提到："发展投资少、见效快、社会急需的社区服务、物业管理和家庭服务业等。"1998 年 7 月，国务院《关于进一步深化城镇住房制度改革、加快住房建设的通知》中明确指出："加快改革现行的住房维修、管理体制，建立业主自治和物业管理企业相结合的社会化、专业化、市场化的物业管理体制。"

3. 第三阶段：我国物业管理的规范期

2003 年 6 月，国务院常务会议通过了《物业管理条例》。该条例正式提出国家提倡业主通过公开、公平、公正的市场竞争机制选择物业管理企业，鼓励物业管理采用新技术、新方法，依靠科技进步提高管理和服务水平。该条例的颁布实施是新时期物业管理行业的纲领性文件，使物业管理的法制建设更加完善，行业方向更加明确。

物业管理活动的主体包括建设单位、业主、业主大会及业主委员会、物业管理企业、政府及物业管理相关主体（供水、电、气）。随着物业管理的不断发展，政府监管、推动立法等力度日益加大，各方主体行为日趋成熟，物业管理活动逐步呈现出法制化、规范化、制度化状态。开发商主动遵守法律法规、依法尽责，全体业主依法自我约束，依法维护合法权益，物业管理企业规范化经营和服务的氛围正在逐步地形成。

由于建设单位物业销售的需要和业主对服务需求的不断提高，物业管理企业只有不断优化资源配置，提升物业管理服务品质，才能在激烈的市场竞争中赢得份额、谋求发展。正是在这种作用下，虽然各地物业管理水平存在发展不均衡，但总体上全国的物业管理服务的整体水平却在不断提高。ISO 9000/ISO 4000/OHSAS 18000 等质量管理体系在物业管理企业内日益普及，物业管理企业对规范化和标准化的研究也不断深入，在人力资源管理、质量控制等企业内部管理环节，管理水平在显著提高。

物业管理的内容已不局限于提供房屋维修、保安、绿化、清洁卫生、代收代交水电费等公共性的服务，还进一步提供如室内装修、环境设计、家政服务、卫生保健服务、商业策划等各种专项和特约服务。优秀的物业公司还特别注重小区（大厦）的文化、文艺、文明建设，进一步拓展了物业管理公司的空间、内涵。同时，许多物业公司还在服务规范化、高标准方面下功夫，他们积极推行实施 ISO 9000 和 ISO 14000 等系列的质量体系认证，积极参加省优、部优物业管理小区（大厦）的评选，进一步提高了管理水平，在社会上树立了良好的信誉和形象。

现代物业管理从早年的基于民众的现实需求，制订简单的管理办法，发展至今，更具有科学性、合理性和普适性。从人的根本需求中提取建筑技术的优化运行措施，管理制度的合理制定方法，从建筑设计的内部因素到实施管理的外部手段，不断地提升着现代建筑的运营水平。

第2篇 《绿色建筑运行维护技术规范》条文解读

本篇将在基于国内外文献调研、项目工程实践总结和归纳的基础上，对《绿色建筑运行维护技术规范》中的各条款进行深入的剖析和解读，希望为能源管理机构、各物业运行服务单位或其他具有专业技术及管理能力的部门机构以及从事绿色建筑咨询的科研机构提供重要的信息，促进绿色建筑运行维护的技术能力，对持续稳定地推动绿色建筑发展起到技术支撑作用。

第4章 总 则

第1.0.1条 为贯彻国家技术经济政策，节约资源，保护环境，推进可持续发展，规范绿色建筑运行维护，做到低碳、节能、节地、节水、节材和保护环境，保证实际效果，制定本规范。

我国把建设"资源节约型、环境友好型社会"作为一项重要基本国策推行来实现可持续发展，在党的十八大报告中将推进生态文明建设独立成篇集中论述，并系统性提出了今后五年大力推进生态文明建设的总体要求，强调要把生态文明建设放在突出地位，纳入社会主义现代化建设总体布局。在报告中第一次提出"推进绿色发展、循环发展、低碳发展"，"建设美丽中国"，优化国土空间开发格局、增强生态产品生产能力、加强生态文明制度建设等一系列围绕生态文明建设的新表述，进一步表明了我们党加强生态文明建设的意志和决心。

制定并实施《绿色建筑运行维护技术规范》，可以有针对性地解决绿色技术在运行阶段的贯彻落实问题，是绿色建筑向高端形态发展所必须解决的关键性技术环节，为国家层面制定相关标准和政策提供重要技术支撑，并且能够为绿色建筑业主、用户和社会带来可观、持续的绿色建筑收益，促进绿色建筑的健康可持续发展。

本规范的编制原则是：

（1）本规范编制遵循"统一性、协调性、适用性、一致性、规范性"的原则，尽可能与国际通行标准、规范接轨，注重规范的可操作性。依据的法规、标准、规范主要有：《物业管理条例》、《民用建筑节能管理规定》、《绿色建筑评价标准》、《节能建筑评价标准》GB/T 50668、《空调通风系统运行管理规范》GB 50365、《普通住宅小区物业管理服务等级标准》(中物协〔2004〕1 号)等。

（2）规范结构主要依据《绿色建筑评价标准》中所涉及的绿色建筑评价指标体系，分专业、分系统重新组合后构成主体内容。

（3）突出建筑综合效能调适体系在绿色运行维护过程的重要性。通过综合效能调适的过程引入，并结合现行国家施工质量验收规范的规定，形成了传统综合效能调适→竣工验收→综合效能调适→交付培训→运行和维护的闭环流程。

（4）强调低成本和无成本绿色运行维护管理技术的应用。对绿色建筑的技术体系进行全面梳理，研究针对不同技术体系下，建筑环境、景观环境、空调系统、给水排水系统、电气自控系统等实现低成本和无成本的运行优化方法，以便形成适用的、实用的、可用的绿色运行优化方法。

（5）基于绿色建筑运行实际数据，研究建立绿色建筑运行管理监测系统的技术指标要求，为绿色建筑运行监测管理制度提供监测指标技术支持。

第 1.0.2 条   本规范适用于新建、扩建和改建绿色建筑的运行维护。

绿色民用建筑和绿色工业建筑因使用功能和工艺特点的不同，其运行维护技术和制度也会存在一定的差异。本规范主要以绿色民用建筑的运行维护技术和制度进行编制，可与《绿色建筑评价标准》GB/T 50378 配合使用，指导绿色建筑的运行维护。对于未申报绿色建筑的项目可同样用此规范进行运行维护。对于申报绿色工业建筑评价标识的工业类项目可参照执行共性要求的相关条款。

第 1.0.3 条   绿色建筑运行维护，除应符合本规范的规定外，尚应符合国家现行有关标准的规定。

绿色建筑的运行和维护，应坚持依靠科技创新和求实负责的运行管理原则，充分利用社会服务机构的专业技术、专业设备和专业人才资源，提高绿色建筑的运行维护管理水平。

第 3.0.1 条   绿色建筑运行维护应包括综合效能调适、交付、运行维护和运行维护管理等环节。

绿色建筑运行维护不仅仅是绿色技术的选择和应用，更重要的是绿色技术的真正落实和使用，因此，绿色建筑运行维护是一个全过程的技术应用和管理。

第 3.0.2 条   绿色建筑运行维护应符合现行国家标准《绿色建筑评价标准》GB/

T 50378 的有关规定。

第 3.0.3 条 绿色建筑能效实测评估应符合现行行业标准《建筑能效标识技术标准》JGJ/T 288 的有关规定。

第 3.0.4 条 绿色建筑中可再生能源建筑应用系统的能效测评应符合现行国家标准《可再生能源建筑应用工程评价标准》GB/T 50801 的有关规定。

第 3.0.5 条 绿色建筑的室内空气质量参数应符合现行国家标准《室内空气质量标准》GB/T 18883 中的有关规定。

室内空气质量对人们的身心健康影响较大,受到越来越多的关注,应定期检测其污染物浓度,尤其是装修改造后,测量参数包括氨、甲醛、苯、TVOC、氡等,对于不符合现行国家标准《室内空气质量标准》GB/T 18883 中规定的情况,应采取相应的措施,如采用无机长效空气净化材料等控制污染物浓度。

第 3.0.6 条 绿色建筑运行维护应根据建筑工程实际情况编制技术手册。

不同的建筑类型、建筑功能,其采用的技术体系不完全一致,因此,运行维护管理单位应根据建筑自身情况,编制具有针对性的绿色建筑运行维护技术手册,确保建筑良好运行。

第 3.0.7 条 绿色建筑运行维护技术可参照本规范附录 A 的规定进行评价。

第 5 章 综合效能调适与交付

5.1 一般规定说明

第 4.1.1 条 绿色建筑的建筑设备系统应制定具体综合效能调适计划，并进行综合效能调适。

我国工程建设体制是由设计院设计、建设单位订货、施工单位安装等多方构成，在空调设备、电气、控制专业结合的分界面上经常出现脱节、管理混乱、联合调试相互扯皮，调试困难等现象；随着建筑各子系统日益复杂，子系统之间关联性越来越强，建筑设备系统的复杂性和绿色建筑系统精细化调试的要求，使得传统的调试体系已不能满足建筑动态负荷变化和实际使用功能的要求。

建筑设备系统包括暖通空调系统、电气系统、给水排水系统、智能化系统等。综合效能调适是保证建筑设备系统实现优化运行的重要环节，避免由于设计缺陷、施工质量和设备运行问题，影响建筑的正常运行。因此，为了确保建筑设备系统能够达到项目开发方对建筑产品定位要求、设计和用户的使用要求，必须建立新的具有针对性的综合效能调适体系。

综合效能调适的主要目的如下：

（1）验证设备的型号和性能参数符合设计要求。

（2）验证设备和系统的安装位置正确。

（3）验证设备和系统的安装质量满足相关规范的具体要求。

（4）保证设备和系统的实际运行状态符合设计使用要求。

（5）保证设备和系统运行的安全性、可靠性和高效性。

（6）通过向操作人员提供全面的质量培训及操作说明，优化操作及维护工作。

第 4.1.2 条 综合效能调适计划应包括各参与方的职责、调适流程、调适内容、工作范围、调适人员、时间计划及相关配合事宜。

综合效能调适计划是一份具有前瞻性的整体技术文件。一份计划得当、周密、时间分配合理的调适计划，可以更好地理解综合效能调适工作的整体思路。

第 4.1.3 条　综合效能调适应包括夏季工况、冬季工况以及过渡季节工况的调适和性能验证。

本条款结合现行国家标准《通风与空调工程施工质量验收规范》GB 50243 中关于系统调试的相关条款，着重强调和增加了在《通风与空调工程施工质量验收规范》中未涉及竣工后有生产负荷的综合效能调适内容，并根据建筑系统的特性，增加了系统联合工况运转的不同季节工况的调适要求。

5.2　综合效能调适过程

第 4.2.1 条　综合效能调适应包括现场检查、平衡调试验证、设备性能测试及自控功能验证、系统联合运转、综合效果验收等过程。

现场检查是检查设备的安装数量、位置、铭牌参数等是否与设计一致，检查设备能否正常运行，其运行参数是否正常。

平衡调试验证是验证系统风平衡和水力平衡性能，杜绝系统水力失调。

设备性能测试及自控功能验证包括对主要设备性能进行现场测试验证，对自控功能的控制逻辑现场验证，以及对设备的性能和控制系统的状态进行判断是否满足设计和使用功能要求。

系统联合运转是为了保证各设备系统正常运行、满足使用要求和实现节能效果，通过系统联合运转调适，使自动控制的各环节达到正常或规定工况，设备系统各项功能均可以正常实现且达到设计要求，相关参数的数值在允许偏差范围内。

综合效果验收是在设备系统均调适完毕后，且各项参数接近设计工况的条件下进行效果测试验收，以保证设计意图的最终实现。

第 4.2.2 条　平衡调试验证阶段应进行空调风系统与水系统平衡验证，平衡合格标准应符合现行国家标准《建筑节能工程施工质量验收规范》GB 50411 的有关规定。

目前大多数工程都未进行风系统、水系统平衡调试，原因在于业主对风系统、水系统平衡调试对于保证空调效果和减少运行能耗的重要性认识不足，施工单位缺乏必要的测试仪器和测试人员，设计单位设计图纸深度不够，未标注末端风口设计风量和末端设备的设计水量及调试用的风阀水阀，这些因素都导致风系统、水系统调试没有得到很好的实施。国家标准《建筑节能工程施工质量验收规范》GB 50411—2007 中第 10.2.14 条、第 11.2.11 条分别对风系统平衡、水系统平衡提出要求：风口的风量与设计风量的允许偏差不应大于 15%；供热系统的补水率与规定值偏差不应大于 0.5%；空调系统冷热水、冷却水总流量测试结果与设计流量的偏差不应大于 10%。

平衡调试验证报告应包括设计风量与水量、实测风量与水量、阀门开度等信息。

在建筑暖通空调水系统中，水力失调是最常见的问题。由于水力失调导致系统流量分配不合理，某些区域流量过剩，某些区域流量不足，造成某些区域冬天不热、夏天不冷的情况，系统输送冷、热量不合理，从而引起能量的浪费，或者为解决这个问题，提高水泵扬程，但仍会产生热（冷）不均并导致更大的电能浪费。因此，必须采用相应的调节阀门对系统流量分配进行调节。

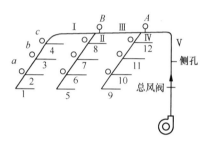

图 5-1 系统风量平衡调节示意图

目前使用的风量调整方法有流量等比分配法、基准风口调整法和逐段分支调整法，调试时可根据空调系统的具体情况采用相应的方法。下面以图 5-1 为例，简要介绍基准风口法的调适步骤：

（1）风量调整前先将所有三通调节阀的阀板置于中间位置，而系统总阀门处于某实际运行位置，系统其他阀门全部打开。然后启动风机，初测全部风口的风量，计算初测风量与设计风量的比值（百分比），并列于记录表格中。

（2）在各支路中选择比值最小的风口作为基准风口，进行初调。

（3）先调整各支路中最不利的支路，一般为系统中最远的支路。用两套测试仪器同时测定该支路基准风口（如风口 1）和另一风口的风量（如风口 2），调整另一个风口（风口 2）前的三通调节阀（如三通调节阀 a），使两个风口的风量比值近似相等；之后，基准风口的测试仪器不动，将另一套测试仪器移到下一风口（如风口 3），再调试下一风口前的三通调节阀（如三通调节阀 b），使两个风口的风量比值近似相等。如此进行下去，直至此支路各个风口的风量比值均与基准风口的风量比值近似相等为止。

（4）同理调整其他支路，各支路的风口风量调整完后，再由远及近，调整两个支路（如支路Ⅰ和支路Ⅱ）上的手动调节阀（如手动调节阀 B），使两支路风量的比值近似相等。如此进行下去。

（5）各支路送风口的送风量和支路送风量调试完后，最后调节总送风道上的手动调节阀，使总送风量等于设计总送风量，则系统风量平衡调适工作基本完成。

但总送风量和各风口的送风量能否达到设计风量，尚取决于送风机的出风率是否与设计选择相符。若达不到设计要求就应寻找原因，进行其他方面的调整。

调整达到要求后，在阀门的把柄上用油漆做好标记，并将阀位固定。

在调试前应将各支路风道及系统总风道上的调节阀开度调至 80%～85% 的位置，以利于运行时自动控制的调节并保证系统在较好的工况下运行。

风量测定值的允许偏差：风口风量测定值与设计值的允许偏差为 15%；系统总风量的测定值应大于设计风量 10%，但不得超过 20%。

第 4.2.3 条　自控系统的控制功能应工作正常，符合设计要求。

自控系统的调适主要是功能的验证，分三个层级：现场单点调试验证、单机调试验证、系统联合调试验证。

现场单点调试主要是对现场的控制盘箱及其各控制点位所监控的末端设备进行逐一调试。通过单点调试确认控制器是否可以正确输出控制命令、正确读取末端设备或被控设备所发出的各类信号；确认末端传感器是否可以正确检测被测区域环境参数；确认末端执行器是否可以正确按照控制命令进行动作。

单机调试验证是以被控系统为主线，根据控制逻辑的要求对各设备系统的控制程序进行调试，从而使被控的设备系统可以按照设计的功能需求投入使用。

系统联合调试验证是在上位机（操作站）端对自控系统所控制的各设备间联动是否正确进行调试和检查，同时对自控系统的图形界面进行检查。

第 4.2.4 条　主要设备实际性能测试与名义性能相差较大时，应分析其原因，并应进行整改。

当设备的实测性能与名义性能相差较大时，应分析其原因在于施工质量、设备质量还是系统间配合问题，并加以解决。如空调机组的总风量不足，可能是风管的连接不符合规范要求，也可能是空调机组过滤器未及时清理导致阻力过大等原因。

第 4.2.5 条　综合效果验收应包括建筑设备系统运行状态及运行效果的验收，使系统满足不同负荷工况和用户使用的需求。

第 4.2.6 条　综合效能调适报告应包含施工质量检查报告，风系统、水系统平衡验证报告，自控验证报告，系统联合运转报告，综合效能调适过程中发现的问题日志及解决方案。

5.3　交付与资料移交

第 4.3.1 条　建设单位应在综合效果验收合格后向运行维护管理单位进行正式交

付，并应向运行维护管理单位移交综合效能调适资料。

当项目基本竣工以后，即进入交付移交过程。交付移交既涉及国家政策法规，又涉及运行管理各方的权益，还直接影响到运行管理活动能否正常进行，因此运行管理工作的交付过程和资料移交是运行管理操作中一个重要环节。

交付的资料包括：产权资料，竣工验收资料，设计、施工资料，机电设备资料，综合效能调适资料等。

移交的综合效能调适资料包括：

（1）各阶段综合效能调适工作记录。

（2）问题日志。

（3）培训记录及培训使用手册。

（4）最终综合效能调适报告。

（5）最终遗留问题解决方案。

各阶段综合效能调适工作记录是用来详细记录调适过程中各部分的完成情况及各项工作和成果的文件，包括进展概况、各方职责及工作范围、工作完成情况、出现的问题及跟踪情况、尚未解决的问题汇总及影响分析，下一阶段的工作计划。

问题日志在综合效能调适过程中建立，并定期更新。问题日志用以详细记录所有调适过程中出现的问题，包括时间、地点、所属系统，问题的初步判断，以及后续对此问题的跟踪，直至此问题解决或者有其他替换方案。

培训记录由调适单位组织并进行培训，用以记录对于运行管理人员的培训过程，包括每次培训课程的大致内容、学员的反馈情况以及培训结束后对学员的考核情况等。培训使用手册是培训实施时所采用的培训资料，如主要设备的操作说明、维护说明、故障处理等。

工程遗留问题是由于开发、设计、规划、施工等原因，造成房屋本体和配套设施、设备方面的使用功能缺陷，需运行维护管理单位配合进行协调和处理。在移交资料中应包括遗留问题的解决方案，及时有效地解决工程遗留问题。

第4.3.2条 建筑系统交付时，应对运行管理人员进行培训，培训宜由调适单位负责组织实施，施工方、设备供应商及自控承包商参加。

常规意义上的调试一递交调试报告即宣告结束，但真正意义的综合效能调适工作应包含对建筑实际的运行维护人员的培训。由于目前建筑信息化、自动化、集成化程度越来越高，而目前国内物业人员技术水平普遍不高，为了避免出现非专业人士对建筑的不合理运行及维护的现象，致使上述的调适成果无法实现，综合效能调适工作结束之后，对建筑的实际运行维护人员进行系统的培训。

　　培训要求宜通过技术研讨会、访问或调查的方式获得，在此基础上确定培训的内容、深度、形式、次数等，具体如下：

　　（1）培训所涉及的系统、设备以及部件。

　　（2）使用者的整体情况和要求。

　　（3）运行维护人员专业技术水平及学识状况。

　　（4）培训会的次数和类型。

　　（5）制定可量化的培训目标及教学大纲，明确预期受训者应具有的特定技能或知识。

　　培训应特别包括以下内容：

　　（1）紧急情况指示和步骤：各种紧急情况下的设备运行要求，包括每种紧急情况下的逐一操作步骤说明。

　　（2）操作说明和步骤：设备正常运行所要求的操作步骤，包括日常运行的逐一操作步骤说明。

　　（3）调节装置说明。

　　（4）检修步骤：诊断运行问题的指示，测试检查步骤。

　　（5）维护及检查步骤。

　　（6）维修步骤：问题诊断，拆卸，组件搬运，更换及重新组装。

　　（7）系统手册及相关文档和日志的维护及更新。

第6章 运 行 管 理

6.1 一般规定

第5.1.1条　建筑设备系统的设计、施工、调试、验收、综合效能调适、交付资料等技术文件应齐全、真实。

对照系统的实际情况和相关技术文件，保证技术文件的真实性和准确性。下列文件为必备文件档案，并作为节能运行管理、责任分析、管理评定的重要依据：

（1）建筑设备系统的设备明细表。

（2）主要材料、设备的技术资料、出厂合格证及进场检（试）验报告。

（3）仪器仪表的出厂合格证明、使用说明书和校正记录。

（4）图纸会审记录、设计变更通知书和竣工图（含更新改造和维修改造）。

（5）隐蔽部位或内容检查验收记录和必要的图像资料。

（6）设备、风管系统、制冷剂管路系统、水系统的安装及检验记录。

（7）管道压力试验记录。

（8）设备单机试运转记录。

（9）系统联合试运转与综合效能调试记录。

（10）综合效能调适报告。

以上资料宜转化成电子版以数字化方式存储，便于管理和查阅。

第5.1.2条　建筑设备运行管理记录应齐全。

运行管理记录齐全，主要包括：设备运行记录、巡回检查记录、运行状态调整记录、故障与排除记录、事故分析及其处理记录、设备系统缺陷记录、运行值班记录、维护保养记录、能耗统计表格和分析资料等。原始记录应填写详细、准确、清楚，并符合相关管理制度的要求。

巡回检查应定时、定点、定人，并做好原始记录。采用计算机集中控制的系统，可用定期打印汇总报表和数据数字化储存的方式记录并保存运行原始资料。运行记录的时间间隔，主要设备记录的时间间隔应不大于 4 小时；次要设备的记录时间间隔应不大于 1 天。

第 5.1.3 条 运行过程中产生的废气、污水等污染物应达标排放，废油、污物、废工质应按国家现行标准的有关规定收集处理。

建筑运行过程中会产生各类固体污染物、废气、废油、污物、废工质和污水，可能造成多种有机和无机的化学污染、放射性等物理污染以及病原体等生物污染。此外，还应关注噪声、电磁辐射等物理污染。为此，需要通过合理的技术措施和排放管理手段，杜绝建筑运行过程中相关污染物的不达标排放。相关污染物的排放应符合国家现行标准《大气污染物综合排放标准》GB 16297、《锅炉大气污染物排放标准》GB 13271、《饮食业油烟排放标准》GB 18483、《污水综合排放标准》GB 8978、《医疗机构水污染物排放标准》GB 18466、《污水排入城镇下水道水质标准》GB/T 31962、《社会生活环境噪声排放标准》GB 22337、《制冷空调设备和系统 减少卤代制冷剂排放规范》GB/T 26205 等的规定。废油、污物、废工质应与有资质的处理单位订立合同，定期、定时收集处理。其中，在商场、地铁、机场等公共场所宜将空调循环水系统排污水通过收集处理后用于公厕冲厕。

第 5.1.4 条 能源系统应按分类、分区、分项计量数据进行管理。

对电、水、气、冷/热量等分类、分区、分项计量，是进行节能潜力分析和能源系统优化管理的前提，对收集的数据进行分析总结，能够摸清建筑能耗特点及运行特点，可实现节能潜力挖掘，提高设备用能效率。通常，电表、水表账单是开始追踪记录能源使用情况唯一所需的数据。

根据建筑应用不同和能源利用比例不同，应设立不同的分级分项计量装置，例如：以电能为主要能源的，设立多级电表，大功率设备安装连续电量计录仪等。

根据《中华人民共和国节约能源法》，对一次能源/资源的消耗量以及集中供热系统的供热量均应计量。

住房和城乡建设部 2008 年发布的《国家机关办公建筑和大型公共建筑能耗监测系统分项能耗数据采集技术导则》中对国家机关办公建筑和大型公共建筑能耗监测系统的建设提出指导性要求。用电量分为照明插座用电、空调用电、动力用电和特殊用电。其中，照明插座用电包括照明和插座用电、走廊和应急照明用电、室外景观照明用电等子项；空调用电包括冷热站用电、空调末端用电等子项；动力用电包括电梯用电、水泵用电、通风机用电等子项。其他类能耗（水耗量、燃气耗量、集中供热耗热量、集中供冷耗冷量等）则不分项。

同时发布的《国家机关办公建筑和大型公共建筑能耗监测系统楼宇分项计量设计安装技术导则》则进一步规定以下回路应设置分项计量表：

（1）变压器低压侧出线回路。

（2）单独计量的外供电回路。

（3）特殊区供电回路。

（4）制冷机组主供电回路。

（5）单独供电的冷热源系统附泵回路。

（6）集中供电的分体空调回路。

（7）照明插座主回路。

（8）电梯回路。

（9）其他应单独计量的用电回路。

在运行管理时须明确实际配电线路信息，对各个安装电能表的电力线路逐个进行校核。

对于 VRV 分户计量系统，有条件时可在脉冲电能计量表旁并列一台机械电量计量表，用于运行计量时比对校核。

第5.1.5条 建筑设备系统运行过程中，宜采用无成本/低成本运行措施。

无成本/低成本运行措施在运行过程中的实用性较好，能够真正付出少的代价，起到实际的作用，是建筑绿色运行管理技术中非常重要的环节。针对不同建筑特点，可从建筑能耗数据收集与分析、运行优化策略及设备使用时间、暖通空调系统节能、照明系统节能、室内室外空气管理、用户服务与管理等方面实施无成本/低成本解决办法。

无成本/低成本策略在"eeBuilding（ energy-efficient Buildings）"项目中得到了充分的体现，该项目是由美国环保局（EPA）发起的旨在向发展中国家介绍能源之星"Energy Star"建筑项目的经验，"eeBuilding"项目与中国的大型商业建筑的业主和管理者们合作，帮助他们确定无成本和低成本的运营管理措施，以便迅速降低建筑物能耗和运营成本，减少温室气体的排放。该项目在美国成效显著，大量建筑物通过采用它的主动性运营和控制计划，充分利用现有人员和设备资源，实现了可观的成本节约和能源节约。

第5.1.6条 建筑再调适计划应根据建筑负荷和设备系统的实际运行情况适时制定。

建筑竣工和交工过程中，都是按照设计状态进行调试验收的，而建筑在使用过程中的使用性质、情况功能等可能发生一些改变，而且建筑系统本身也是一个不断寻优的过程，因此，建筑绿色运行也是一个不断调适与再调适的过程，以此不断提升设备系统的性能，提高建筑物的能效管理水平。

6.2 暖通空调系统

第 5.2.1 条 室内运行设定温度，冬季不得高于设计值 2℃，夏季不得低于设计值 2℃。

合理的室内温度的设定对节能具有较大的效果。为了更好地控制人员的行为节能和管理节能，在运行管理过程中，必须严格控制室内的温度效果，避免不必要的能源浪费。无特殊要求的场所，空调运行室内温度宜按住房和城乡建设部《公共建筑室内温度控制管理办法》（建科［2008］115 号）的要求设定。

该措施可通过人为修改温控器实际可设定温度范围的方式来实现。

第 5.2.2 条 采用集中空调且人员密集的区域，运行过程中的新风量应根据实际室内人员需求进行调节，并应符合现行国家标准《民用建筑供暖通风与空气调节设计规范》GB 50736 的有关规定。

建筑内人员数量多，经常出现和设计值不符的情况，建筑运行过程中，应根据实际室内人员状况调节新风量，避免出现由于室内人员数量多于设计值而风量不足的状况，或者室内人员数量过少，新风量过多而出现能源浪费的情况。

常见的实现控制方法：

在人员聚集的公共空间或人员密度较大的主要功能房间（人均使用面积低于 2.5m²/人，或该区域在短时间内人员密度有明显变化的常用区域）加设 CO_2 传感器，安装位置在呼吸区，即相对楼板地面标高 0.9～1.8m，通过 CO_2 浓度设定值控制新风阀或新风机组频率实现室内新风量调节。

第 5.2.3 条 制冷（制热）设备机组运行宜采取群控方式，并应根据系统负荷的变化合理调配机组运行台数。

对系统冷、热量的瞬时值和累积值进行监测，冷水机组优先采用由冷量优化控制运行台数的方式。通常 60%～100% 负荷率为冷水机组的高效率区，故根据系统负荷变化，合理地控制机组的开启台数，使得各机组的负荷率经常保持在 50% 以上，有利于冷水机组节能运行。

常见的冷水机组台数控制方法是：

每增加新一组设备时，判断冷量条件为计算冷量超出机组总标准冷量的 15%，例如现在已经开启一组，而冷量要求超出单台机组冷量的 15%，再延时 20～30min 后判断负荷继续增大时，即开启新一组设备。

关闭一组设备的判断冷量条件为计算冷量低于机组总标准冷量的 90%，例如现在已经开启两组设备同冷量的机组，且冷量在逐渐下降，在冷量要求低于单台机组冷量的 90% 以下，且延时 20～30min 后判断冷量条件无变化，即关闭其中一组运行时间较长的冷水机组及附属设备。

另外，长时间不运转的机组匹配适应性可能较差而影响运行能效比，同时会影响长时间运转机组的使用寿命，因此有必要平衡多台机组的运行时间。

制冷（制热）设备机组群控是利用自动控制技术对制冷（制热）设备机房内部的相关设备（冷水机组、水泵、阀门等）进行自动化的监控，使机房内的设备达到最高效率的运行状态。采用群控方式有以下两个目的：

（1）根据系统负荷的大小，准确控制制冷（制热）设备机组的运行数量和每台制冷（制热）设备机组的运行工况，从而达到节能并降低运行费用的目的。

（2）延长机组使用寿命：通过机组轮换、故障保护、负荷调节等控制程序，确保制冷（制热）设备机组的安全，延长机组的使用寿命。

第 5.2.4 条 制冷设备机组的出水温度宜根据室外气象参数和除湿负荷的变化进行设定。

在设计选用制冷设备时一般根据全年最大负荷来选择，由最大负荷确定制冷设备的设计出水温度。然而，一年中系统达到最大负荷的时间往往很短，机组多数时间在部分负荷的工况下运行。此时如采用较高的出水温度，可以大大提高机组的效率。

以冷水机组为例，根据经验，在低负荷时，冷冻水温度的设定值可在设计值 7℃的基础上提高 2～4℃。一般每提高出水温度 1℃，能耗约可降低相当于满负荷能耗的 1.75%。在制定冷水机组出水温度时，同时需根据建筑物除湿负荷的要求，保证室内除湿的设计使用要求。

冷水机组出水温度设定策略方法为：重设冷水机组出水温度需要使用设定温度点的室外温度和出水温度关系图，用这些资料对建筑自控系统进行编程，使之能够根据室外温度、时间、季节和（或）建筑负荷，来自动设定出水温度，如图 6-1 所示。

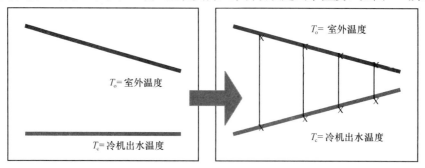

图 6-1 制冷机出水温度与室外温度的关系曲线图

第5.2.5条　技术经济合理时，空调系统在过渡季节宜根据室外气象参数实现全新风或可调新风比运行，宜根据新风和回风的焓值控制新风量和工况转换。

在技术经济合理时，过渡季节根据室外空气的焓值变化增大新风比或进行全新风运行，一方面可以有效地改善空调区内空气的品质，大量节省空气处理所消耗的能量，另一方面可以延迟冷水机组开启和运行的时间，有利于建筑运行节能。但是，增大新风比或进行全新风运行可能会带来过高的风机能耗，或者过低的湿度。因此，需要综合判断，进行技术经济分析。

过渡季节新风量开启策略方法为：

根据项目具体所在气候区的气象条件结合项目的负荷特点，通常可将过渡季划分为3个阶段，在这3个阶段可采用不同的新风量，在保证室内参数在允许范围内变化的前提下，最大化利用新风供冷，见图6-2。

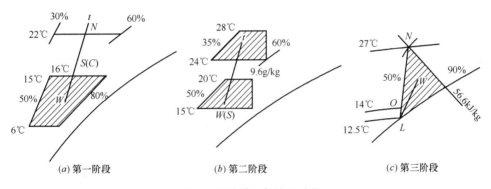

(a) 第一阶段　　　　　(b) 第二阶段　　　　　(c) 第三阶段

图 6-2　过渡季空气处理过程

第一阶段：室外空气温度和相对湿度均较低，室外空气比焓明显小于室内空气焓值，空调系统只需要提供部分新风就可以消除室内余热。

第二阶段：室外空气温度有所升高，室外空气比焓小于室内空气焓值，但相对湿度仍然较低，空调系统必须采用全新风运行才能消除室内余热。

第三阶段：室外空气温度和相对湿度均较高，室外空气比焓仍小于室内空气焓值，仅靠室外新风供冷已经不能完全消除室内余热和余湿，在该阶段需要开启冷水机组，并且为充分利用新风的冷量，尽量采用较大的新风比运行。

但要实现全新风运行，必须认真考虑计算风系统设计时选取的风口和新风管面积能否满足全新风运行的要求，且应确保室内必须保持的正压值。

第5.2.6条　采用变频运行的水系统和风系统，变频设备的频率不宜低于30Hz。

多数空调系统都是按照最不利情况进行系统设计和设备选型的，而建筑在绝大部分时间内是处于部分负荷状况的，或者同一时间仅有一部分空间处于使用状态。针对部分负荷、部分空间使用条件的情况，采取水泵变频、变风量、变水量等节能措施，保证在建筑物处于部分冷热负荷时和仅部分建筑使用时，能根据实际需要提供恰当的能源供给，同时不降低能源转换效率，并能够指导系统在实际运行中实现节能高效运行。变频设备若运行频率长时间低于额定值的 60% 时，建议更换设备。

采用变频措施后，效果的验证方法为：

采用变频优化技术后，应保证集中供暖系统热水循环泵的耗电输热比符合现行国家标准《公共建筑节能设计标准》GB 50189 的有关规定。空调冷热水系统循环水泵的耗电输冷（热）比比现行国家标准《民用建筑供暖通风与空气调节设计规范》GB 50736 规定值低 20%。

第 5.2.7 条 采用排风能量回收系统运行时，应根据实际应用情况制定合理的控制策略。

新排风能量回收系统在回收能量的同时，由于换热芯体的阻力的存在，会增加风机的输配能耗，因此并非总是节能的，不合理的应用甚至会增大能耗。

对于带旁通功能的新排风能量回收系统，当由于能量回收而节省的能耗大于由于换热芯体阻力的存在而增加的能耗时，应切换至回收功能；反之则应切换至旁通功能。

在运行阶段通常采用简化的控制方法，即通过空调系统的平均能效和能量回收装置自身的性能参数来计算适宜启用回收功能的室内外空气的临界温差（对于显热式装置）或焓差（对于全热式装置）。当室内外空气的温差或焓差高于临界值时启用回收功能，反之则启用旁通功能。

第 5.2.8 条 在满足室内空气参数控制要求时，冰蓄冷空调通风系统宜加大供回水温差。

冰蓄冷空调系统一般只控制循环水系统的出水温度恒定，对循环水系统的回水温度只监测不控制，其要求末端空调设备应能够有效地通过调整水流量来控制室内的空气参数。所以大多数采用冰蓄冷空调系统的建筑，其末端空调设备自控性能较高，循环水系统采用定压差或者定温差控制变流量运行。由于循环水系统的供回水温差越低，其输送能耗越大，能源的浪费越严重，因此冰蓄冷空调通风系统宜采用较大的供回水温差，建议供回水温差不低于 7℃，供水温度不宜低于 5℃。

第 5.2.9 条 暖通空调系统运行中应保证水力平衡和风量平衡。

在暖通空调水系统中，水力失调是很常见的问题。由于水力失调导致系统流量分配不合理，造成一些区域冬季不热、夏季不冷的情况，暖通空调系统输送冷、热量不合理，从而引起能源的浪费。为了解决这个问题，通常简单地采取提高水泵扬程的做法，但其仍会导致冷热不均现象的出现以及更大程度的浪费。在集中送风的风系统中，如果不做好风平衡，也会造成冷热不均的现象。另外，在保证暖通空调系统的水力平衡和风量平衡的同时，应使水压、风压维持稳定。

现场判断系统水力平衡的一般方法为：通过集水器各主支管的回水温度一致性进行水路平衡情况判断，具体参照现行行业标准《公共建筑节能检测标准》JGJ/T 177 的相关规定执行，根据判断结果采取相应有效措施，保证系统水力平衡。

第 5.2.10 条　冷却塔出水温度设定值宜根据室外空气湿球温度确定；冷却塔风机运行数量及转速宜根据冷却塔出水温度进行调节。

为了适应建筑负荷的变化，目前大多数建筑物制冷系统都采用多台冷水机组、冷水泵、冷却水泵和冷却塔并联运行，并联系统的最大优势是可根据建筑负荷的变化情况，确定冷水机组开启的台数，保证冷水机组在较高的效率下运行，以达到节能运行的目的。

室外空气湿球温度是制冷冷却塔散热能力的因素之一，冷却塔出水温度的理论极限值为达到室外空气湿球温度，冷却塔出水温度越低，冷水机组冷却能力越大，但是应注意冷却水温太低，会大幅降低制冷机组的冷凝压力，使机组出现故障，因此冷却塔出水温度应在制冷机组的低温保护之上。

冷却塔出水温度建议采用：

（1）控制冷却塔风机的运行台数（对于单塔多风机设备）。

（2）控制冷却塔风机转速（特别适用于单塔单风机设备）。

第 5.2.11 条　冷水机组冷凝器侧污垢热阻宜根据冷水机组的冷凝温度和冷却水出口温度差的变化进行监控。

冷凝器污垢热阻对冷水机组的运行效率影响很大，为了及时有效地判断冷水机组冷凝器的结垢情况，在冷水机组运行过程中，应密切观察冷凝温度同冷却水出口温度差变化，采取相应的除垢及杀菌技术，保持冷水机组高效运行。

利用合理有效的水质管理系统有利于降低冷水机组污垢热阻产生的频率，通过自动或人工监测的方法合理控制冷却水浓缩倍数和冷却水水质，可以节约用水和降低污垢、热阻的产生。

现场判断冷水机组污垢热阻的一般方法为：

在满负荷的情况下，冷凝温度与冷却水出口温度差不宜大于2℃，否则应采取相应的物理或化学的清洗方法，以保证冷水机组的效率。

第 5.2.12 条　建筑宜通过调节新风量和排风量，维持相对微正压运行。

暖通空调系统可对空气进行适当的控制，确保对空气进行适当过滤、调节、湿度控制和分送，从而提高室内空气质量。同时，可减少由于相对负压引起的室外渗入空气的无组织新风负荷，因而节省能耗。另外，由于安全卫生或功能要求，部分区域需维持相对微负压运行，如餐饮区域、地下车库等。

保证室内相对微正压的控制方法为：通过调节新风量和排风量比例，建筑保持在微正压 5～10Pa 的状态下运行。

第 5.2.13 条　建筑使用时宜根据气候条件和建筑负荷特性充分利用夜间预冷。

充分利用夜间预冷可以在一定程度上减少冷却能耗，可以大大降低能源使用费用，要求的室外温度比所需室内温度低几摄氏度即可，而且也可以降低设施启动时的电力高峰需求，这样可以高效地降低能源成本，达到节能的目的。

对夜间实施预冷主要方法和过程为：

（1）挑选出一天，前晚的温度比室内设定点温度低几度，且湿度也在舒适范围内。

（2）在住户上班前几个小时，启动暖通空调系统的风机（而不是制冷设备），使室外空气进入室内。

（3）使用楼宇自控系统，监测室内温度、制冷设备的启动时间和制冷设备的能耗。

（4）在不同的几天，采用这些初步措施。

（5）在室外条件相似的另外一天，用楼宇自控系统监测室内温度和制冷设备的运行，但不采用室外空气预冷。

（6）比对预冷方式和常规方案，估算节能潜力。

（7）在不同的几天采取这些措施，对启动时间进行试验，记录室外温度和制冷设备启动工况。

（8）根据这些比较，制定建筑的预冷方式标准。

（9）当室外环境满足标准时，使用楼宇自控系统自动启动预冷工作模式。

（10）持续观察数据，验证和记录节能效果。

6.3　给水排水系统

第 5.3.1 条　给水排水系统运行过程中，应按水平衡测试的要求进行运行，降低管网漏损率。

实际运行操作过程按以下方法：

应按水平衡测试的要求安装分级计量水表，定期检查用水量计量情况，如出现管网漏损情况，在更换时选用密闭性能好的阀门、设备，使用耐腐蚀、耐久性能好的管材、管件，并提供管网漏损检测记录和整改的报告。

水平衡测试是对项目用水进行科学管理的有效方法，也是进一步做好城市节约用水工作的基础。通过水平衡测试，能够全面了解用水项目管网状况和各部位（单元）用水现状，画出水平衡图，依据测定的水量数据，找出水量平衡关系和合理用水程度，采取相应的措施，挖掘用水潜力，达到加强用水管理、提高合理用水水平的目的。

水平衡测试是实现最大限度地节约用水和合理用水的一项基础工作，涉及用水项目管理的各个方面，同时也表现出较强的综合性、技术性。进行水平衡测试应达到以下目标：

（1）掌握项目用水现状。如水系管网分布情况，各类用水设备、设施、仪器、仪表分布及运转状态，用水总量和各用水单元之间的定量关系，获取准确的实测数据。

（2）对项目用水现状进行合理化分析。依据掌握的资料和获取的数据进行计算、分析，评价有关用水技术经济指标，找出薄弱环节和节水潜力，制订出切实可行的技术、管理措施和规划。

（3）找出项目用水管网和设施的泄漏点，并采取修复措施，堵塞跑、冒、滴、漏。

（4）健全项目用水三级计量仪表设置。这样既能保证水平衡测试量化指标的准确性，又为今后的用水计量和考核提供技术保障。

（5）可以较准确地把用水指标层层分解下达到各用水单元，把计划用水纳入各级承包责任制或目标管理计划，定期考核，调动各方面的节水积极性。

（6）建立用水档案。在水平衡测试工作中，搜集的有关资料、原始记录和实测数据，按照有关要求进行处理、分析和计算，形成一套完整详实的包括图、表、文字材料在内的用水档案。

（7）通过水平衡测试提高建筑管理人员的节水意识、节水管理水平和技术水平。

（8）为制订用水定额和计划用水量指标提供较准确的基础数据。

按水平衡测试要求设置水表的关键在于分级、分项设置计量水表。分级越多、分项越细，水平衡测试的结果也越精确。

减少管网漏损，除了加强物业管理单位日常巡检外，可在以下方面加强：

（1）给水系统中更换使用的管材、管件，必须符合现行产品国家标准的要求。新型管材和管件应符合企业标准的要求，并必须符合按照有关行政机关和政府主管部门的文件规定组织专家评估或鉴定通过的企业标准的要求。

（2）更换使用性能高的阀门、零泄漏阀门等，如在冲洗排水阀、消火栓、通气阀前增设软密封阀或蝶阀。

第 5.3.2 条　给水系统运行过程中，用水点供水压力不应小于用水器具要求的最低工作压力，避免出现超压出流现象。

保持供水压力在设计范围内，以避免供水压力持续高压或压力骤变。超压出流现象会破坏给水系统中水量的正常分配，对用水工况产生不良的影响。

实际运行操作过程按以下方法：

应对各层用水点用水压力进行定期测试，用水点供水压力不小于用水器具要求的最低工作压力，局部超压部位增设减压限流措施。

第 5.3.3 条　用水计量装置功能应完好，数据记录应完整；冷却塔补水量应进行记录和定期分析。

水计量装置实际操作按如下过程和方法：

（1）表计计量原则：按照用途设置的水表，如生活用水、绿化浇灌用水、洗车用水、景观补水、空调系统补水、消防水箱补水等，以及按照付费或管理单元情况对不同用户的用水分别设置用水计量装置，需要确保各水表功能完好。

（2）用水量分析：按时（通常为每月）统计用水量数据，对用水数据进行分析比对。用水量数据可以为各管理单元或用户计量收费提供依据，实现用者付费，鼓励行为节水；也可以根据用水计量情况，对不同部门进行节水绩效考核，促进行为节水。

（3）用水规律诊断：用水记录数据便于给水排水系统进行故障诊断，及时发现系统中存在的问题，如管道渗漏、用水量不合理等，达到持续改善的目的。

公共建筑集中空调系统的冷却水补水量占据建筑物用水量的 $30\%\sim50\%$，减少冷却水系统不必要的耗水对整个建筑物的节水意义重大。

保证循环水系统运行的实际操作过程和方法为：

开式循环冷却水系统或闭式冷却塔的喷淋水系统受气候、环境的影响，冷却水水质比闭式系统差，改善冷却水系统水质可以保护制冷机组和提高换热效率。应设置水处理装置和化学加药装置改善水质，减少排污耗水量。

开式冷却塔或闭式冷却塔的喷淋水系统设计不当时，高于集水盘的冷却水管道中部分水量在停泵时有可能溢流排掉。为减少上述水量损失，可采取加大集水盘、设置平衡管或平衡水箱等方式，相对加大冷却塔集水盘浮球阀至溢流口段的容积，避免停泵时的泄水和启泵时的补水浪费。

合理利用冷却塔排放污水及停泵溢流水作为其他生活用水。例如：卫生间用水和地面清洗用水。

第 5.3.4 条　节水灌溉系统运行模式宜根据气候和绿化浇灌需求及时调整。

节水灌溉系统主要为了弥补自然降水在数量上的不足，以及在时间和空间上的分布不均匀，保证适时适量地提供景观植被生长所需水分。

实际运行操作过程方法为：充分利用自然气候条件，节约灌溉水耗，灌溉系统宜采用自动控制的模式运行，并根据湿度传感器或气候变化的调节控制节水喷灌的运行。如有设备更换，应保留节水灌溉产品说明书并做好相关记录。

第 5.3.5 条　根据雨水控制与利用的设计情况，应保证雨水入渗设施完好，多余雨水应汇集至市政管网或雨水调蓄设施。

场地遵循低影响开发原则，雨水控制与利用采取入渗系统。

实际运行操作过程方法为：对入渗地面、设备和设施进行定期检查、清洗和维护，防止堵塞。对入渗水源进行面源污染控制，防止地下水污染。当透水铺装下为地下室顶板时，需保证地下室顶板设置疏水板及导水管，将雨水导入处理设施或市政雨水井。

第 5.3.6 条　景观水系统运行时，应充分利用非传统水源补水，且应保证补水量记录完整。

根据现行国家标准《民用建筑节水设计标准》GB 50555 的有关规定，景观用水水源不得采用市政饮用水和地下井水，应利用中水（优先利用市政中水）、雨水收集回用等措施，并根据补水水表做好记录。再生水用于景观用水时，对景观水体进行定期检测，保证水质应符合现行国家标准《城市污水再生利用　景观环境用水水质》GB/T 18921 的相关要求。

实际运行操作过程方法为：景观水体运行时，可采用机械设施，加强水体的水力循环，增强水面扰动，破坏藻类的生长环境，及时记录非传统水源水量。

第 5.3.7 条　循环冷却水系统运行中，应确保冷却水节水措施运行良好或非传统水源补水正常，水质应达到国家现行标准要求。

冷却水的损耗主要包括蒸发损失、漂水损失、排污损失和泄水损失，冷却塔应设置必要计量设施核算各项损耗量，并通过运行维护和优化等措施，保证系统的蒸发损失在所有冷却水损耗的 80% 以上。冷却塔排污量可根据人工或自动水质检测情况，合理确定。

实际运行操作过程方法为：冷却塔补水宜采用非传统水源，以节约市政饮用水使用量。同时，补水总硬度在 300mg/L 以上的应设置必要的软化设施，防止水质恶化堵塞管道，造成系统运行效率甚至噪声设备故障。

6.4 电气与控制系统

第 5.4.1 条 变压器应实现经济运行，提高利用率。

变压器运行时自身存在铁损和铜损，所以造成变压器输出功率永远小于输入功率。铁损是由变压器自身结构和一次电压决定的，数值基本不变，铜损则随着负荷电流的变化而发生变化。部分建筑变压器的负载率设计值看似理想，但在实际运营中发现很多变压器的实际负载率只有 10%～30% 左右。可根据实际负荷，调配合适容量的变压器。

多于两台变压器经济运行的操作方法主要为：

单台变压器一般负载率 60% 左右时为效率最高点，当多台变压器并列运行时，应按负载的大小调整变压器运行台数和容量，使变压器总损耗最小。变压器的经济运行就是采用有效的运行策略，充分发挥变压器能效，使变压器自身损耗最低。

有条件的情况下，应关停负荷率较低的变压器，由与其并列分段运行有母联连接的变压器进行供电，提高单台变压器的负载率，减少不必要的电耗损失；同时对暂不用供电回路，应及时断开电源线路，以减少线路上的空载运行损耗；另外，采用节能型无功补偿装置，实现无功分散和就地补偿。

变压器是电力网中的重要电气设备，由于连续运行的时间长，为了使变压器安全经济运行及提高供电的可靠性和灵活性，在运行中通常将 2 台或 2 台以上变压器并列运行，当一台变压器发生故障时，并列运行的其他变压器仍可以继续运行，以保证重要用户的用电；或当变压器需要检修时可以先并联上备用变压器，再将要检修的变压器停电检修，既能保证变压器的计划检修，又能保证不中断供电，提高供电的可靠性。同时由于用电负荷季节性很强，在负荷轻的季节可以将部分变压器退出运行，这样既可以减少变压器的空载损耗，提高效率，又可以减少无功励磁电流，改善电网的功率因数，提高系统的经济性。

第 5.4.2 条 各相负载应均衡调整，配电系统的三相负载不平衡度不应大于 15%。

在民用建筑中，由于大量使用了单相负荷，如照明、办公用电设备等，其负荷变化随机性很大，容易造成三相负载的不平衡。即使设计时努力做到三相平衡，在运行时也会产生差异较大的三相不平衡，因此，在运行中也要及时进行调整。

具体判断操作过程方法为：采用计算机集中采集监控的系统，可设置报警阈值，及时发现三相负载的不平衡情况，报警通知相关维护人员。

可选择以下方式降低负载不平衡度：

（1）选择合理的无功补偿方式。在以单相负荷为主的低压电网中，由于三相负荷难以平衡，故进行无功补偿时应选用三相分补方式或三相共补与分补相结合的补偿方式。除了采用与负荷并联电容的补偿方式外，还可以在相间跨接电容。如果在相间接入合适的电容，同样能起到提高功率因数、改善电能质量、减少电能损耗、增加供电设备出力、节约电能等作用。在三相四线低压系统中，三相负荷平衡时，三相电流是对称的，即只包含正序分量。三相负荷不平衡时，对三相电流进行分解，不仅有正序分量，而且还有负序及零序分量。如果在低压线路的相与相之间接入电容，利用电容元件电压与电流之间的相位关系，改变各相电流的相位及大小，则可以起到减小电流的负序分量及零序分量的作用，从而降低三相电流的不平衡度，减小低压配网中的电能损耗。

（2）根据用户的电能表抄见的月供电量，算出各用户的平均负荷，以此为参考，重新调整三相负荷，制定出均衡方案，然后按照一定的工作程序，进行分相调整。

（3）要经常测量配电变压器出口和部分主干线的三相电流，发现不平衡，要及时调整，使三相电流始终保持在平衡或接近平衡状态。

第 5.4.3 条　容量大、负荷平稳且长期连续运行的用电设备，宜采取无功功率就地补偿措施，低压侧电力系统功率因数宜为 0.93～0.98。

合理补偿无功功率不仅可以提供功率因数，而且可以缩小电压偏差范围，对于设备运行的安全和高效节能均有好处。就地补偿即将补偿设备安装在用电设备附近，可以最大程度地减少线损和释放系统容量，在某些情况下还可以缩小馈电线路的截面积，减少有色金属消耗，但最初投资和维护费用都会增加。因此，从提高补偿设备的利用率出发，首先选择在容量较大的长期连续运行的用电设备上装设就地补偿。

第 5.4.4 条　应定期对谐波进行测量，超出限值宜采取技术措施治理。

电力电子元件在建筑内广泛应用，如各种电力变流设备（整流器、逆变器、变频器）、相控调速、调压装置，大容量的电力晶闸管可控开关设备等，其非线性、不平衡性的用电特性会导致电能质量恶化。谐波的存在会导致电气设备及导线发热、振动，增加线路损失，缩短使用寿命，还会导致电子设备工作不正常、增加测量仪表误差，增加了电网中出现谐振的可能性。

谐波测量判断和治理方法为：

现行国家标准《电能质量 公用电网谐波》GB/T 14549 中对谐波电压限值和谐波电流允许值进行了规定，超出规定要求须对谐波进行治理。谐波治理前应对电能质量进行测量，了解各次谐波的含量，可采用电容器串联适当参数的电抗器治理谐波。对于电能质量要求较高的系统可采用有源电力滤波器对谐波进行治理。

第5.4.5条 室内照度和照明时间宜结合建筑使用需求和自然采光状况进行调节。

将照明强度降低到保证人员有效、舒适工作生活所需的实际水平，这样既可节约能源开支，又可提高视觉舒适度。合理使用自然光采光，调节照明时间，减少白天的照明时间。

通常调节和调整的方法为：

（1）减少照明灯具数量：采用分区、分组等运行策略控制照明灯具运行时间，更换灯管或镇流器，选择最佳的灯管和镇流器配置。

（2）更换灯具：在需要更换或承租人变化时，可调整转换到最佳的灯具类型和数量。

（3）安装独立的照明控制装置：允许住户在独立工作区内调低和改变照明强度。对室外照明进行分组，根据人流量情况或时间适当调整照度，减少用电量。

第5.4.6条 蓄能装置运行时间及运行策略宜利用峰谷电价差合理调整。

蓄能装置是在电网低谷时段储存冷量或热量，在电网高峰时段供冷或供热的装置。蓄能装置具有降低运行费用、移峰填谷等作用。合理调整蓄能装置的运行时间及运行策略不仅可以通过峰谷电价差，给企业带来可观的经济效益，而且可以缓解高峰时段的电网压力，为经济社会的平稳发展作出贡献。

第5.4.7条 电梯系统宜根据使用情况适时优化运行模式。

当人员流动量不大时，系统查出候梯时间低于预定值，即将闲置电梯停止运行，关闭灯和风扇；或限速运行，进入节能运行状态。当人员流动量增大，再陆续启动闲置客梯。

传统的电梯群控系统运送效率较低，人员等待电梯时间较长，电梯将人员运送至目的层的时间较长，如安装目的楼层控制器后可均匀分配乘客，可缩短停站时间，节约电能，提高运送效率。

第 5.4.8 条 供暖、通风、空调、照明等设备的自动监控系统应工作正常,运行记录完整。

采用计算机集中采集系统,将各种智能化系统通过接口和协议开放,进行系统集成,汇总数据库,自动输出统计汇总报表并以数据数字化储存的方式记录并保存,降低设备维护运营成本。

对冷热源、风机、水泵等设备进行有效的监控,对用能数据和运行状态进行实时采集并记录,运行效果和稳定性满足建筑使用、运行与管理要求。

6.5 可再生能源系统

第 5.5.1 条 可再生能源系统同常规能源系统并联运行时,宜优先运行可再生能源系统。

具体操作控制策略方法:根据系统配置情况,制定运行方案,优先运行可再生能源系统。保证可再生能源系统的实际使用量,实现可再生能源实际应用效果和减排量。

第 5.5.2 条 可再生能源建筑应用系统运行前应进行现场检测与能效评价,检测和评价方法应符合现行国家标准《可再生能源建筑应用工程评价标准》GB/T 50801 的有关规定。

可再生能源建筑应用是建筑和可再生能源应用领域多项技术的综合利用,应对可再生能源建筑应用工程节能环保等性能的测试与评价进行规定和要求。所以,在执行工程的测试评价与验收时应满足与工程应用相关的其他标准、规范的要求外,也应满足现行国家标准《可再生能源建筑应用工程评价标准》GB/T 50801 的要求。

具体能效测评指标要求如下:

太阳能热利用系统实际运行的太阳能保证率应满足设计要求,当设计无明确规定时应满足表 6-1 的要求:

太阳能热利用系统的太阳能保证率 f(%)　　　　　　表 6-1

太阳能资源区划	太阳能热水系统	太阳能供暖系统	太阳能空调系统
资源极富区	$f \geqslant 60$	$f \geqslant 50$	$f \geqslant 40$
资源丰富区	$f \geqslant 50$	$f \geqslant 40$	$f \geqslant 30$
资源较富区	$f \geqslant 40$	$f \geqslant 30$	$f \geqslant 20$
资源一般区	$f \geqslant 30$	$f \geqslant 20$	$f \geqslant 10$

太阳能光伏系统实际运行的光电转换效率 ηd 应满足设计要求；当设计无规定时 ηd 应满足表 6-2 的要求：

不同类型太阳能光伏系统的光电转换效率 ηd（％）　　　　　　表 6-2

晶体硅电池	薄膜电池
≥8	≥4

地源热泵系统实际运行的制冷、制热系统能效比应满足设计要求；当设计无明确规定时应满足表 6-3 的要求：

地源热泵系统能效比　　　　　　表 6-3

热源形式	地下水 水源热泵系统	土壤源 热泵系统	污水源 热泵系统	江水、湖水源 热泵系统
制热系统能效比	2.50	2.20	2.70	2.10
制冷系统能效比	3.10	2.70	2.90	2.80

第 5.5.3 条　太阳能集热系统运行时，应定期检查过热保护功能，避免空晒和闷晒损坏太阳能集热器。

处于空晒和闷晒的集热器，由于吸热板温度过高会损坏吸热涂层，并且由于箱体温度过高而发生变形以致造成玻璃破裂，以及损坏密封材料和保温层等。

具体操作控制策略方法为：

在太阳能集热系统运行时，应经常监视太阳能集热系统的温度变化，当温度超过规定值时，应采取相应技术措施如补充冷水，释放过热蒸汽，避免集热器空晒，集热系统停运时可加盖遮挡物避免空晒。

第 5.5.4 条　太阳能集热系统冬季运行前应检查防冻措施。

系统的防冻是太阳能集热系统的一个重要问题。

具体操作控制策略方法为：

（1）对于直接集热系统，冬季气温低于 0℃时，应排空循环系统的水。

（2）对于间接集热系统，使用传热工质＋防冻液混合工质，应在每年冬季到来之前检查防冻液的成分并及时补充防冻液，也可以通过技术经济比较采用循环防冻的方式实现集热器防冻的目的。

第 5.5.5 条　太阳能集热系统和光伏组件表面应定期清洗。

太阳能集热器和光伏组件的表面积灰等因素会导致系统集热量或发电量降

低，保持其表面清洁是系统效率的重要保证。

第5.5.6条 采用地源热泵系统时，应对地源侧的温度进行监测分析。

地源热泵系统运行的稳定性同冬夏季的热平衡有关，对地源侧温度场的监测，可以判断分析地源侧换热情况，以保证系统正常稳定运行。

实际运行中，如果换热器长度选择不合理，或换热量冷热不均，可导致土壤温度或降幅较大，或升幅较大，换热器换热后的回水温度不能满足机组的要求，造成停机现象的发生。如果能够准确了解地下土壤的温度情况，采取适当的调节措施，可避免此类事情的发生。

目前大型建筑采用垂直埋管式换热器，深度多在 100～120m。地下环境高压、多水，监测地下土壤温度比较困难。采用模拟的手段可以预测埋管式地源热泵系统的土壤温度分布情况，但建筑物实际运行情况与模拟情况有一定的差别，且地下土壤性质较复杂，只模拟不足以准确了解土壤温度的真实情况。由于回水温度与地下土壤温度存在一定的关系，在运行过程中通过监测机房内的地源侧回水温度来判断地下温度变化趋势，将会比较容易实现。

第5.5.7条 采用地源热泵系统时，应对系统进行冬夏季节转换设置显著标识，并应在季节转换前完成阀门转换操作。

第5.5.8条 可再生能源系统应进行单独计量。

可再生能源系统的计量可为指导项目运行管理提供较为详细、准确的基础数据。

6.6 建筑室内外环境

第5.6.1条 空调通风系统室外新风引入口周围应保持清洁，新风引入口与排风不应短路。

为确保送入室内的新风品质，作出本条规定。

第5.6.2条 除指定吸烟区外，公共建筑内应设置禁止吸烟标识。室内吸烟区应设置烟气捕集装置，将烟气排向室外。室外吸烟区与建筑的所有出入口、新风取风口和可开启外窗之间最近点距离不宜小于 7.5m。

在公共建筑中，禁止吸烟或有效控制吸烟室通风。吸烟室设置排向室外的直接排风，排风口应远离新风口及建筑入口。吸烟室应有密闭到顶的隔墙。吸烟室内保持一定的负压。

本条参照美国 LEED™ 评价标准的要求，"规定室外吸烟区与建筑的所有出入口、新风取风口和可开启外窗之间最近点距离不小于 20 英尺"。

第 5.6.3 条 应制定垃圾管理制度，合理规划垃圾物流，对生活废弃物进行分类收集，且收集和处理过程中无二次污染。

建筑运行过程中产生的生活垃圾有家具、电器等大件垃圾；有纸张、塑料、玻璃、金属、布料等可回收利用垃圾；有剩菜剩饭、骨头、菜根菜叶、果皮等厨余垃圾；有含有重金属的电池、废弃灯管、过期药品等有害垃圾；还有装修或维护过程中产生的渣土、砖石和混凝土碎块、金属、竹木材等废料。首先，根据垃圾处理要求等确立分类管理制度和必要的收集设施，并对垃圾的收集、运输等进行整体的合理规划，合理设置小型有机厨余垃圾处理设施。其次，制定包括垃圾管理运行操作手册、管理设施、管理经费、人员配备及机构分工、监督机制、定期的岗位业务培训和突发事件的应急处理系统等内容的垃圾管理制度。最后，垃圾容器应具有密闭性能，其规格和位置应符合现行国家标准《生活垃圾分类标志》GB/T 19095、现行行业标准《环境卫生图形符号标准》CJJ/T 125 的规定，其数量、外观色彩及标志应符合垃圾分类收集的要求，并置于隐蔽、避风处，与周围景观相协调，坚固耐用，不易倾倒，防止垃圾无序倾倒和二次污染。

第 5.6.4 条 公共建筑运行过程中，由于功能调整变更，需要进行局部空间污染物排放时，宜增加相应补风设备或系统，并采取联动调节方式。

新建建筑内的送排风平衡由设计解决，本条主要针对局部功能变更的情况。小规模局部功能变更（如改为餐饮、厨房等）需要增设排风时，往往忽视补风措施，造成建筑局部严重负压，影响门窗正常开启，恶化使用条件。

第 5.6.5 条 有条件的建筑，宜采用空气净化装置控制室内颗粒物（$PM_{2.5}$）浓度。

现行国家标准《环境空气质量标准》GB 3095 规定二类环境空气功能区颗粒物（粒径小于等于 $2.5\mu m$）年平均浓度低于 $35\mu g/m^3$，24 小时平均浓度低于 $75\mu g/m^3$。

采用空气净化装置是降低室内颗粒物（$PM_{2.5}$）浓度，有效提高空气清洁度，创造健康舒适的办公和住宅环境十分有效的方法。

室内空气净化是从空气中分离或去除一种或多种空气污染物。室内空气污染物大致可分为气态污染物和颗粒状污染物两大类，包括甲醛、苯系物、氨、TVOC、PM_{10}、$PM_{2.5}$ 等，室内空气质量好坏直接影响到人们的生理健康、心理健康和舒适感。为了提高室内空气质量，改善居住、办公条件，增进身心健康，必须对室内空气污染进行整治。

设置空气净化装置可以改善室内空气质量，有效地减少新风量，降低建筑能耗。常用的空气净化技术主要有过滤、吸附、静电、光催化等。空气净化装置的设置应满足以下要求：

（1）空气净化装置在空气净化处理过程中不应产生新的污染。

（2）空气净化装置宜设置在空气热湿处理设备的进风口处，净化要求高时可在出风口处设置二级净化装置。

（3）应设置检查口。

（4）宜具备净化失效报警功能。

（5）高压静电空气净化装置应设置与风机有效联动的措施。

6.7　监测与能源管理

第5.7.1条　建筑能源使用情况宜根据建筑能源管理系统进行监测、统计和评估。

能源管理是在满足使用要求的前提下，按照既考虑局部，更着重总体的节能原则，使各类建筑设备在消耗能量最久、运行效率最高的状态下达到充分有效地利用能源。

建立建筑能源管理系统，有助于分析建筑各项能耗水平和能耗结构是否合理，发生问题并提出改进措施，从而有效地实施建筑节能。

供暖、通风、空调、给水排水、照明等设备的自动监控系统应工作正常。现在我国很多绿色建筑具有能源管理监测系统，但没有对能源管理监测系统的实际数据进行专业的分析和挖掘，导致能源管理监测系统没有起到真正的管理功能，没有真正找到建筑节能潜力和空间，因此，本条文专门增加了数据挖掘和分析功能的要求，以期提高我国绿色建筑运行管理分析水平和能力。

数据挖掘和分析功能应至少包括：

（1）管理功能。帮助用户对建筑基本信息、设备台账、能耗等进行管理工作。摸清建筑能耗基准线，建立建筑能源账簿，制定能源消耗分解目标，实现能源管理工作标准化。

（2）建筑能效分析功能。对设备或系统运行参数进行监测或通过与楼宇自动化系统的对接，实现数据交换，对机电设备的运行状况和设备效率进行监控，评价系统以及用能设备效率，帮助用户进行建筑节能潜力挖掘。

（3）优化系统运行。基于能源管控平台工具，通过数据分析，为建筑自动化系统提供节能优化控制策略，实现运行节能。

第 5.7.2 条　建筑能源管理系统宜具备数据处理、分析和挖掘的功能。

现在我国很多绿色建筑具有能源监测系统，但没有对能源监测系统的实际数据进行专业的分析和挖掘，导致能源监测系统没有起到真正的管理功能，没有真正找到建筑节能潜力和空间，因此，本条文专门增加了数据挖掘和分析功能的要求，以期提高我国绿色建筑运行管理分析水平和能力。

第 5.7.3 条　公共建筑宜定期进行能源审计。

对于公共建筑和采用集中冷热源的居住建筑，其能源消耗情况较复杂，主要包括空调系统、照明系统、其他动力系统等。建议以建筑能源管理系统的数据为基础，定期进行能源审计，调查各部分能耗分布状况和分析节能潜力，提出节能运行和改造建议。

第 5.7.4 条　建筑能源管理系统的监测计量仪表、传感器应定期检验校准。

能源计量及数据挖掘的前提条件是计量的数据需要准确，这就要求计量器具能够进行准确计量，故此建立完整的计量器具管理制度、计量器具周期检定及溯源管理是保证数据质量的基础条件。其中计量器具建档制度中应包括新增、更换、报废、使用、维护、保养及考核制度。

定期进行计量器具核准是保证数据质量的必要条件，绿色建筑能源管理系统运行维护过程中应对计量器具进行定期检定，保证计量数据的准确性。能源计量器具宜根据相关标准要求定期检定（校准），具体要求如下：

（1）应使用经核定（校准）符合要求的或不超过检定周期的计量器具。

（2）属强制检定的计量器具，其检定周期、检定当时应遵守有关计量法律法规的规定。

（3）非强制检定的计量器具，其检定周期可根据不同建筑用能情况自行安排，但不宜超过 5 年。

第 7 章　设备设施维护

7.1　一般规定

第 6.1.1 条　绿色建筑应进行日常维护管理，发现隐患应及时排除和维修。

建筑运行时期需要维护的内容繁杂，大体上可分为日常维护和故障维修两大类。根据建筑的使用功能，建筑运行使用中需要进行日常维护维修的对象主要包括暖通空调、给水排水、照明、电气、楼宇自控、电梯、消防、建筑幕墙、外保温、门窗遮阳和景观绿化等 11 个系统，对建筑进行维护时，应做好各系统维护工作的分工管理。

第 6.1.2 条　设备维护保养应符合设备保养手册要求，并应严格执行安全操作规程。

设备维护首先应参照制造商要求进行，在积累足够丰富维护经验的前提下，可做适当改进，但维护保养操作应制度化、程序化。在涉及安全因素的维护过程中，严格操作，确保人员和设备安全。

第 6.1.3 条　各类设备维修应通过对系统的专业分析确定维修方案。

设备的维修是一项系统工程，应合理安排维修人员、工具、设备、材料及技术资料和资金，合理制订维修计划。应保障维修工作的质量，缩短维修时间，减少维修材料浪费，必要时可请专业的维修团队参与维修任务。

第 6.1.4 条　修补、翻新、改造时，宜优先选用本地生产的建筑材料。

建材本地化是减少运输过程资源和能源消耗、降低环境污染的重要手段之一。本条鼓励使用本地生产的建筑材料，提高就地取材制成的建筑产品所占的比例。

第 6.1.5 条　绿色建筑设备系统应定期保养，设备完好率不应小于 98%。

各类设施设备系统应建立三级保养制度：

（1）日常维护保养：设备操作人员进行的经常性的保养工作，主要包括定期检查、清洁和润滑，发现小故障及时排除，做好必要的记录等。

（2）一级保养：操作人员和设备维修人员按照计划进行的保养工作，主要包括对设备进行局部解体，进行清洗、调整，按照设备的磨损规律进行定期保养。

（3）二级保养：设备维修人员对设备进行全面清洗，部分解体检查和局部维修，更换或修复磨损件，使设备达到完好状态。

设备完好率的合理限定是保障系统安全、经济运行的必要条件。在合理安排工艺和选取可靠设备的同时，保证系统日常的运行维护保养管理。设备完好率的计算公式如下：

$$设备完好率 W = \frac{设备完好台日数}{设备制度台日数} \times 100\% \qquad (7-1)$$

式中 设备制度台日数＝制度运行天数 D ×台数 T ；

设备完好台日数＝制度台日数－设备故障停机台日数－设备维护保养台日数。

设备事故故障停机台日数和设备维护保养台日数分别为每台设备的事故故障停机日数及维护保养日数之和。

设施设备的使用完好率达到 98% 以上，是物业管理公司常用的控制性指标。

第 6.1.6 条 应制定维修保养工作计划，按时按质进行保养，并应建立设施设备全寿命档案。设备保养完毕后，应在设备档案中详细填写保养内容和更换零部件情况。

保养工作是根据设备和系统的特点，根据已经制定的设备保养操作规程执行，并应做好警示标识和安全防护。对于有限空间、高空作业、带电作业以及动火作业的工作内容，应按照相关规定提前开具相应工作票。对于需停机保养的重要设备，如停机对建筑内人员带来影响，应提前确认设备是否可以停止运行，并报相关部门，经批准后，方可停机保养。重要设备的保养和检修，应提前编制方案，并向建筑内各单位进行通知。

暖通空调设备和系统保养内容应包括：

（1）空调机组过滤网清洗或更换，加注润滑油，皮带张力调整，加湿器清洗，电动阀、执行器调校及机房环境卫生，保养应每月进行一次。

（2）供冷季结束后，对制冷主机进行一次常规保养；供冷季前，对冷却水系统进行一次保养。

（3）冷却塔、风机盘管、水泵、热站、软化水设备和散热设备应按照维护年度计划实施保养。

（4）冷水系统、冷却水系统、供暖管道系统应每年清洗一次，空调风道系统应每两年清洗一次。

（5）初次投入运行时测绝缘，根据环境情况，开机启动前测绝缘。

7.2 设备及系统

第6.2.1条 暖通空调系统应按时巡检并记录，发现隐患应及时排除和维修。

巡检内容应包括：

（1）每两小时对制冷主机、热泵机组、磁悬浮制冷主机、水泵、冷却塔、锅炉、热站进行一次巡检，并记录设备运行参数。

（2）每周对空调机组、风机盘管、散热设备和热回收装置巡检一次，并记录运行状况。

制冷主机的巡视内容和顺序包括：

（1）检查压缩机的油压、油压差、油温及油量；（2）系统探漏；（3）检查不正常的声响、振动及高温；（4）检查制冷剂运行中冷凝器及冷却器的温度、压力；（5）检查阀门开关状态，有无泄漏；（6）检查冷水机出入水温度及压力；（7）检查运转部分润滑油情况及添加适当润滑油。

水泵巡视内容和顺序包括：

（1）检查及调校轴封条；（2）轴承加压；（3）检查不正常噪声；（4）检查防锈部分；（5）检查水管垃圾网；（6）检查运行电流及电压。

冷却塔巡视内容和顺序包括：

（1）检查及清洗水盘；（2）检查及记录散热风扇电动机运转电流；（3）检查噪声及振动；（4）检查填料和布水情况。

热交换器巡视内容和顺序包括：

（1）记录出入水温及压力温度；（2）检查是否有漏水情况。

空调机组巡视内容和顺序包括：

（1）检查空气过滤器空气流动情况，是否发生堵塞；（2）检查噪声及振动；（3）检查框架有无变形；（4）检查通风机转动情况，风管是否漏气；（5）检查阀门开启情况。

散热设备巡视内容和顺序包括：

（1）检查散热器是否漏水；（2）检查散热器表面温度是否过热或过低；（3）检查散热设备阀门开启情况。

第6.2.2条 空调风系统应定期对空气过滤器、表面冷却器、加热器、加湿器、冷凝水盘等部位进行全面检查和清洗。

空调通风系统中的风管和空气处理设备应定期检查、清洗和验收,去除积尘、污物、铁锈和菌斑等并应符合下列要求:

(1) 风管检查周期每两年不少于一次,空气处理设备检查周期每年不应少于一次。

(2) 通风系统存在的污染应在以下情况出现时进行清洗:

1) 当系统性能下降时。

2) 对室内空气质量有特殊要求时。

(3) 清洗效果应进行现场检测,并应达到下列要求:

1) 目测法:当内表面没有明显碎片和非黏合物质时,可认为达到了视觉清洁。

2) 质量法:通过专用器材进行擦拭取样和测量,残留尘埃量应少于 $1.0g/m^2$。

第 6.2.3 条　公共建筑内部厨房、厕所、地下车库的排风系统应定期检查,厨房排风口和排风管宜定期进行油污处理。

公共建筑内部厨房、厕所和地下车库的排风系统中的空气是遭到污染的空气,很容易溢出,进入建筑内部,对室内环境造成污染,所以对这三类排风系统,应重点进行系统检查和维护,根据检查结果清洗或更换,清洗周期宜每两个月一次。应聘请具有专业消防资质的清洗单位对厨房烟道进行清洗。

第 6.2.4 条　严寒和寒冷地区进入冬季供暖期前,应检查并确保空调和供暖水系统的防冻措施和防冻设备正常运转,供暖期间应定期检查。

北方地区空调工程因疏忽水系统的防冻处理,部分工程因水管和设备的冻裂而使供暖无法进行,不仅造成经济损失,同时也影响使用者的正常生活。因此,有必要加强绿色建筑空调水系统的防冻预防与落实。

第 6.2.5 条　设备及管道绝热设施应定期检查,保温、保冷效果检测应符合现行国家标准《设备及管道绝热效果的测试与评价》GB/T 8174 的有关规定。

设备及管道绝热设施是减少能量浪费的重要保障,应定期检查、检测,确保绝热设施完好、性能正常。有破损或失效的绝热设施应及时进行修补或更换。

第 6.2.6 条　排风能量回收系统,宜定期检查及清洗。

为保证排风能量回收系统的能量回收效率,宜定期进行检查,保持清洁状态,保证热回收效率。

第 6.2.7 条　给水排水系统应按时进行巡检并记录，发现隐患应及时排除和维修。

巡检内容应包括：

（1）运行中的设备每 4 小时巡检一次，备用设备每个班次巡检一次。

（2）建筑的给水排水管井、污水井巡检，每月一遍。

（3）冬季时，公共建筑内有冻结危险的区域，每天晚上巡检一次。

第 6.2.8 条　给水排水系统应定期检测水质，保证用水安全。

检测内容及周期：

（1）直饮水按照国家有关规定定期送检。

（2）每半年聘请具有资质的专业机构对生活水箱进行一次清洗并对水质进行检测。

第 6.2.9 条　非传统水源出水设施应定期进行检查，并应对水质、水量进行检测及记录。非传统水源应符合现行国家标准《城市污水再生利用　城市杂用水水质》GB/T 18920 的有关规定，作为景观水使用时应符合现行国家标准《城市污水再生利用　景观环境用水水质》GB/T 18921 的有关规定。

使用非传统水源的场合，其水质的安全性十分重要。为保证合理使用非传统水源，实现节水目标，必须定期对使用的非传统水源进行检测，水质检测间隔不大于 1 个月，并准确记录。同时，为便于对非传统水源利用设施进行有效管理和评估，应对非传统水源供水量进行记录。

第 6.2.10 条　建筑的供水管网和阀门应定期检查。

通过供水管网和阀门的检查，结合供水量的计量监测，可以发现由于管网漏损或阀门漏损导致公共建筑内不合理时间、不合理用户处的用水量，及时采取措施进行维修更换。

第 6.2.11 条　卫生器具更换时，不应采用较低用水效率等级的卫生器具。

卫生器具更换时应选用中华人民共和国国家经济贸易委员会 2001 年第 5 号公告和 2003 年第 12 号公告《当前国家鼓励发展的节水设备（产品）》目录中公布的设备、器材和器具。根据用水场合的不同，合理选用节水水龙头、节水便器、节水淋浴装置等。所有用水器具应满足现行标准《节水型生活用水器具》CJ/T 164 及《节水型产品通用技术条件》GB/T 18870 的要求。用水效率能达到用水效率等级标准的三级指标以上。

《水嘴用水效率限定值及用水效率等级》GB 25501 规定了水嘴用水效率等级，在（0.10±0.01）MPa 动压下，依据表 7-1 的水嘴流量（带附件）判定水嘴的用水效率等级。

水嘴用水效率等级指标　　　　　　　　　　　　　表 7-1

用水效率等级	1 级	2 级	3 级
流量/(L/s)	0.100	0.125	0.150

《坐便器用水效率限定值及用水效率等级》GB 25502 规定了坐便器用水效率等级，如表 7-2 所示。

坐便器用水效率等级指标　　　　　　　　　　　　表 7-2

用水效率等级			1 级	2 级	3 级	4 级	5 级
用水量（L）	单档	平均值	4.0	5.0	6.5	7.5	9.0
	双档	大档	4.5	5.0	6.5	7.5	9.0
		小档	3.0	3.5	4.2	4.9	6.3
		平均值	3.5	4.0	5.0	5.8	7.2

《小便器用水效率限定值及用水效率等级》GB 28377 规定了小便器用水效率等级，如表 7-3 所示。

小便器用水效率等级指标　　　　　　　　　　　　表 7-3

用水效率等级	1 级	2 级	3 级
冲洗水量（L）	2.0	3.0	4.0

《淋浴器用水效率限定值及用水效率等级》GB 28378 规定了淋浴器用水效率等级，如表 7-4 所示。

淋浴器用水效率等级指标　　　　　　　　　　　　表 7-4

用水效率等级	1 级	2 级	3 级
流量（L/s）	0.08	0.12	0.15

《便器冲洗阀用水效率限定值及用水效率等级》GB 28379 规定了便器冲洗阀用水效率等级，如表 7-5、表 7-6 所示。

大便器冲洗阀用水效率等级指标　　　　　　　　　表 7-5

用水效率等级	1 级	2 级	3 级	4 级	5 级
冲洗水量（L）	4.0	5.0	6.0	7.0	8.0

小便器冲洗阀用水效率等级指标			表 7-6
用水效率等级	1 级	2 级	3 级
冲洗水量（L）	2.0	3.0	4.0

物业应做好节水器具更换记录，保留产品说明书、产品节水性能检测报告等工作。

第 6.2.12 条　雨水基础设施及雨水回收系统应定期检查维护。

雨水基础设施有雨水花园、下凹式绿地、屋顶绿化、植被浅沟、雨水管截留（又称断接）、渗透设施、雨水塘、雨水湿地、景观水体、多功能调蓄设施等。

第 6.2.13 条　电气系统应按时进行巡检并记录，发现隐患应及时排除和维修。

巡检内容应包括：

（1）配电室设备巡检白天每两小时一次，晚上每 4 小时一次，并按规定抄表记录。

（2）强电竖井巡检，每周一次，现场测量各相温度、电流、电压，并做好记录，发现异常及时上报。

（3）发电机房和高压配电室巡检，每天两次，记录设备运行状况。

（4）冬季时，管道电伴热巡检，每晚一次。

（5）弱电间巡检，每周一次，记录设备运行状况。

（6）网络间巡检，每周一次，记录设备运行状况。

（7）卫星机房巡检，每天一次，记录设备运行状况。

定期对电气弱电系统进行维护，维护内容包括：

（1）对门禁系统、速通道闸、安防监控编码器等设备维护保养，每两个月一次。

（2）每季度组织维保单位对空调机组各类传感器、风阀执行器等传感和控制设备校正和保养，每两个月一次。

（3）每季度组织消防维保单位对消防主机、报警系统、广播系统等消防设备设施进行保养一次。

（4）组织消防维保单位对燃气系统进行联动测试，每月一次。

第 6.2.14 条　照明灯具应定期进行检查，并应及时更换损坏和光衰严重的光源。

建筑照明功率密度和质量应符合现行国家标准《建筑照明设计标准》GB 50034 的规定。

第 6.2.15 条 自动控制系统的传感器、变送器、调节器和执行器等基本元件应定期进行维护保养。

对于继电控制系统、可编程控制系统和微机控制系统，由于系统的组成形式不同，维护保养的工作内容也有区别。

7.3 绿化及景观

第 6.3.1 条 应制定并公示绿化管理制度，并严格执行。

绿化管理制度主要包括：对绿化用水进行计量，建立并完善节水型灌溉系统。规范杀虫剂、除草剂、化肥、农药等化学药品的使用，有效避免对土壤和地下水环境的损害。

绿化的操作管理制度不能仅摆在文件柜里，必须成为指导操作管理人员工作的指南，应挂在各个操作现场的墙上，促使值班人员严格遵守规定，以有效保证工作的质量。

第 6.3.2 条 景观绿化应定期进行维护管理，并应及时栽种、补种乡土植物；绿化区应做好日常养护，新栽种和移植的树木一次成活率应大于 90%。

绿化是城市环境建设的重要内容。大面积的草坪不但维护费用昂贵，生态效果也不理想，其生态效益也远远小于灌木、乔木。因此，合理搭配乔木、灌木和草坪，以乔木为主，能够提高绿地的空间利用率、增加绿量，使有限的绿地发挥更大的生态效益和景观效益。

绿化植物应满足以下条件：

（1）种植多种适应当地气候和土壤条件的乡土植物，并采用乔、灌、草结合的复层绿化，且种植区域有足够的覆土深度和排水能力。

（2）居住建筑小区每 100m² 绿地上种植不少于 3 株乔木。

对行道树、花灌木、绿篱定期修剪，草坪及时修剪。及时做好树木病虫害预测、防治工作，做到树木无爆发性病虫害，保持草坪、地被的完整，保证树木有较高的成活率。发现危树、枯死树木应及时处理。

第 6.3.3 条 绿化区应采用无公害病虫害防治技术，规范杀虫剂、除草剂、化肥、农药等化学药品的使用，不应对土壤和地下水环境造成损害。

无公害病虫害防治是降低城市环境污染、维护城市生态平衡的一项重要举措，对于病虫害坚持以物理防治、生物防治为主，化学防治为辅，并加强预测预报。因此，一方面提倡采用生物制剂、仿生制剂等无公害防治技术，另一方面规范杀虫剂、除草剂、化肥、农药等化学药品的使用，防止环境污染，促进生态可持续发展。

7.4　围护结构与材料

第 6.4.1 条　建筑外围护结构的热工性能应定期检测，检测结果不符合设计要求时应进行改造。

　　检查内容为屋面、外墙、外窗等内表面是否结露。保证屋面、外墙、外窗等内表面不结露，屋面、外墙的保温性能符合设计要求。围护结构、门窗等处若有空鼓、渗漏的要及时修复。

第 6.4.2 条　建筑材料及构件的安全耐久性应定期进行检查和维护。

　　建筑结构的使用寿命与使用阶段及时维护有很大的关系，尤其是处于恶劣环境下的建筑物更是需要定期检查和维护。我国相关结构的设计规范与施工规范较完善，对于建筑材料及构件的耐久性都提出了要求，但没有运行维护阶段如何使用的规范。运行阶段应以预防为主，通过定期检查及维护，及时发现问题减少损失。

　　建筑外围护结构维护、改造时，往往不需按照设计和审批程序进行，从而也就缺少必要的控制环节，此时必须注意采取必要的技术控制措施，确保不对建筑结构的安全性、耐久性和外围护结构的保温层造成不利影响，进一步影响建筑功能和安全性。

第 6.4.3 条　修补、翻新、改造时，符合下列规定：

　　1　建筑材料和装饰装修材料有害物质含量应符合国家现行标准的有关规定；

　　2　建筑外表面宜使用具有净化空气功能的涂层材料；

　　3　不应影响建筑结构安全性、耐久性，且不应降低外围护结构保温隔热性能；

　　4　可变换功能的室内空间宜采用可重复使用的隔墙和隔断；

　　5　宜合理采用可再利用材料或可再循环材料。

　　（1）应严格控制所选用的建筑材料和装饰装修材料，避免带入新的污染源。现行国家标准《室内装饰装修材料　人造板及其制品中甲醛释放限量》GB 18580、《室内装饰装修材料　溶剂型木器涂料中有害物质限量》GB 18581、《室内装饰装修材料 内墙涂料中有害物质限量》GB 18582、《室内装饰装修材料　胶粘剂中有害物质限量》GB 18583、《室内装饰装修材料　木家具中有害物质限量》GB 18584、《室内装饰装修材料　壁纸中有害物质限量》GB 18585、《室内装饰装修材料　聚氯乙烯卷材地板中有害物质限量》GB 18586、《室内装饰装修材料　地毯、地毯衬垫及地毯胶粘剂有害物质释放限量》GB 18587、《混凝土外加剂中释放氨的限量》GB 18588 和《建筑材料放射性核素限量》GB 6566 等均对建筑材料有害物质含量进行限定。

（2）建筑物外壁喷涂"自洁涂层材料"，可以降低清洗成本，净化大气中有害气体，相对减少雾霾危害。在可见光的照射下，使建筑物外壁表面具有杀菌、脱臭、防霉、净化细颗粒物（PM2.5）的作用，并可保持建筑物外壁不脱色、不老化，减少涂料使用次数，国际保护层标准 10～15 年喷涂一次。

（3）建筑局部修补、翻新和改造时，往往不需按照设计和审批程序进行，从而也就缺少必要的控制环节，此时必须注意采取必要的技术控制措施，确保不对建筑结构和外围护结构造成不利影响，进一步影响建筑功能和安全性。

（4）在保证室内工作环境不受影响的前提下，在办公、商场等公共建筑室内空间尽量多地采用可重复使用的灵活隔墙，可减少室内空间重新布置时对建筑构件的破坏，节约材料，同时为使用期间构配件的替换和将来建筑拆除后构配件的再利用创造条件。

（5）建筑材料的循环利用是建筑节材与材料资源利用的重要内容。建筑中采用的可再循环建筑材料和可再利用建筑材料，可以减少生产加工新材料带来的资源、能源消耗和环境污染，具有良好的经济、社会和环境效益。有的建筑材料可以在不改变材料物质形态的情况下直接进行再利用，或经过简单组合、修复后可直接再利用，如某些特定材质制成的门、窗等。有的建筑材料需要通过改变物质形态才能实现循环利用，如钢筋、玻璃等，可以回炉再生产。有的建筑材料则既可以直接再利用又可以回炉后再循环利用，例如标准尺寸的钢结构型材等。

第8章 运行维护管理

8.1 一般规定

第7.1.1条 运行维护管理单位应在物业管理工作开始前制定接管验收流程，对建筑的基础建设和重要系统设备等进行接管验收。

运行维护管理单位的接管验收的接管主体为建筑所属业主单位，由业主提供建筑基础建设和重要系统等相关技术材料。根据中华人民共和国住房和城乡建设部《物业承接查验办法》〔建房（2010）165号〕对绿色建筑物业的共用部位和共用设施设备进行承接查验与验收。

运行维护管理单位的接管验收是物业管理的基础工作和前提条件，也是物业管理工作真正开始的首要环节。物业接管验收有助于促进提高施工单位建设质量，加强物业建设和管理的衔接，提供物业管理的必备条件，确保物业管理的安全和使用功能。在接管验收过程中应把握原则性与灵活性相结合、细致入微与整体把握的原则，灵活应对非原则性不一致问题，严格检查工程质量。接管验收的内容不仅限于主体建筑结构，还应包括附属设备、配套设施、道路、场地、环境绿化等综合功能。

第7.1.2条 运行维护管理单位在制定相关管理规章时宜参照相关管理体系及现行国家标准《能源管理体系 要求》GB/T 23331的有关规定。

通过参照ISO 9001质量管理体系、ISO 14001环境管理体系认证、OHSAS 18001职业健康安全管理体系、现行国家标准《能源管理体系 要求》GB/T 23331等标准管理体系建立的物业管理机制，有利于吸取国际上先进的物业管理做法，在建筑运行过程中节约能源、降低能耗、降低环境破坏风险、减少环保支出、降低运行成本。

第7.1.3条 运行维护管理单位应制定完善的运行维护操作规程、工作管理制度、经济管理制度等。

绿色建筑的运营与维护需要现代化、专业化的物业管理模式，其中最主要的内容就是建立起一套完整的管理制度。管理制度应从技术、人员两方面作为主要管理内容。对于物业设施设备，应建立运行维护操作规程、工作管理制度。人员方面，应建立完善的责任制度和物业设施设备岗位管理制度。

运行维护操作规程主要规范物业管理人员对物业设备设施的操作与维修，应包含安全操作规程、保养维护规程。

工作管理制度主要规范常规运行管理及物资管理，包括设备运行管理制度、预防性计划维修制度、物资工具及保管制度、人员责任制度等。

物业设施设备岗位管理制度主要规范人员岗位职责，确定岗位层级汇报关系。

经济管理制度包括对资金筹集运用的管理，固定资产和经租房产租金的管理，租金收支管理，商品房资金的管理，物业有偿服务管理费的管理，流动资金和专用资金的管理，资金分配的管理，财务收支汇总平衡等。

第7.1.4条 运行维护管理单位宜建立绿色教育宣传机制，编制绿色设施使用手册。

在建筑物长期的运行过程中，用户和物业管理人员的意识与行为，直接影响绿色建筑的目标实现，因此需要坚持倡导绿色理念与绿色生活方式的教育宣传制度，培训各类人员正确使用绿色设施，形成良好的绿色行为与风气。

倡导建筑使用者按照节能用电原则规范使用行为。集中空调的运行管理涉及很多方面，首先要加强对空调末端使用者的宣传，倡导用户合理使用空调，提高空调区的密闭性从而减少冷量浪费。此外要通过加强现有空调设备的运行管理以及加强运行人员的管理来达到节能的目的。对于绿色建筑的节能维护，应杜绝开窗运行空调、无人照明、无人空调等不良习惯。

建立绿色教育宣传机制，可以促进普及绿色建筑知识，让更多的人了解绿色建筑的运营理念和有关要求。尤其是通过媒体报道和公开有关数据，更能营造出关注绿色理念、践行绿色行为的良好氛围。绿色教育宣传可从以下几个方面入手：

（1）开展绿色建筑新技术新产品展示、交流和教育培训，宣传绿色建筑的基础知识、设计理念和技术策略，宣传引导节约意识和行为，促进绿色建筑的推广应用。

（2）在公共场所显示绿色建筑的节能、节水、减排成果和环境数据。

（3）对于绿色行为（如垃圾分类收集等）给予奖励。

绿色设施使用手册是为建筑使用者及物业管理人员提供的各类设备设施的功能、作用及使用说明的文件。绿色设施包括建筑设备管理系统、节能灯具、遮阳设施、可再生能源系统、非传统水源系统、节水器具、节水绿化灌溉设施和垃圾分类处理设施等。

第 7.1.5 条 运行维护管理单位应建立接管验收资料、基础管理措施、运行维护记录的管理档案。

物业接管验收管理档案的建立有利于物业方在建筑运行全过程中对建筑总体情况的把控，便于事后追溯，可作为管理证据。管理档案应统一编号、规范管理、分类归档、电子化存储，并制定档案管理制度。档案管理制度应严格明确、完整严密、便于操作，做到文档存放有序、使用有则、责任明确。

8.2 运行管理

第 7.2.1 条 运行维护管理单位应制定建筑基础设施及设备运行操作规程，明确责任人员职责，合理配置专业技术人员。针对绿色建筑运行应制定以下专项管理制度：

1 废水、废气、固态废弃物及危险物品管理制度；
2 绿化、环保及垃圾处理专项管理制度；
3 设备设施运行的节能操作规程；
4 设备设施与运行状态的监测方法、操作规程及故障诊断与处理办法。

基础设施设备的操作规程应包括设施设备的概况、运行方式、操作方法、巡查规程、安全管理、紧急事故处理等方面。不同运营位置应设置不同的运行管理岗位，明确岗位人员配置和责任。

针对绿化、环保及垃圾处理制定专项管理制度。物业管理工作不仅仅针对建筑主体内部，建筑外部的环境也将会从空气品质、通风质量、采光效果等多方面影响建筑内部环境，从而影响室内人员的身体健康及工作效率等。因此，物业管理应对周边环境进行保养维护，从而建立起人与自然和谐共处的良好环境。室外环境的维护主要从视觉、听觉、嗅觉等方面进行综合管理，对绿化、照明、垃圾、废水废气、固体废弃物以及危险物品进行综合管理，管理应规范化、专业化，达到最好的效果。

制定设备设施运行的节能操作规程。设施设备的运行主要消耗自然资源和电能两大类能源，在保证其安全运行、满足使用功能的情况下，应尽可能的减少能源的消耗，因此针对不同的设施设备应制定针对性较强的操作规程，最大化能源的节约。

对设施设备运行状态的监测应制定监测方法、操作规程及故障诊断与处理办法。对于设施设备的使用情况，除了日常的安全操作和维护外，还应加强对设备状态的检测和诊断处理。日常操作可以保证设施设备当时的状态良好，而长期监测其性能则可以从动态的数据中发掘潜在的风险，通过对故障的预判和处理则可以降低日常操作中不易发现的问题，提高设备运行寿命。

此外，对建筑基础设施及设备的运行还应制定紧急事故处理规程，降低突发事件对环境和经济的影响和损失。任何设施设备都存在无法预知的紧急情况发生的可能性，紧急情况所带来的影响也是无法预估的，因此，有必要制定紧急事故的处理规程，主要是对操作人员及各层主管人员的反应能力的要求，简化常规操作流程，及时处理事件。

制定交接班制度，交接运行、操作参数及维修记录、运行中的遗留问题等。人员的交接班制度的完善，有利于操作人员对设备状态的持续性了解，可以更好地执行设备操作规程，并及时处理遗留问题。

第 7.2.2 条 运行管理人员应具备相关专业知识，熟练掌握有关系统和设备的工作原理、运行策略及操作规程，且应经培训后方可担任职责。

绿色建筑的运行管理除了常规建筑运行管理内容外，还具有特殊的绿色技术的实施运行，在运行过程中人员的操作水平也会影响其实施效果，因此绿色建筑的运行，应当针对绿色技术相关的专业知识对操作人员进行培训。

具有专业知识的工作人员，对于工作内容具有一定的了解与操作能力。对于工作人员还应定期开展业务培训工作，提高其专业技术能力、实际应对能力，以应对实际操作中不断发现的新问题和技术的不断发展所带来的新挑战。

8.3 维护管理

第 7.3.1 条 物业设施设备的维护保养应制定管理制度。

物业设施设备的维护保养管理制度主要应包括维修养护方式、日常维护、定期维护、定期检查、精度检查、巡检制度、故障与事故管理方案等内容。

制定合理的巡检制度及计划，对设施设备运行应日常巡检和计划巡检，核查运行情况并形成巡检记录。巡检计划应明确巡检日期、巡检人，包含巡检内容、巡检周期、巡检要求等内容，并应记录巡检结果、处理意见等相关内容，以方便交接班人员对设备设施的运行和维护情况的了解。

第 7.3.2 条 物业设施设备的维护保养应制定保养方案和保养方法，并应严格执行安全操作规程。

日常保养作为物业设施设备的基础保养内容，对其性能有着最基本的保障，建立定时定期的养护方案，对设备长期运行状态保持良好起着至关重要的作用。故障和事故的发生往往是日积月累的结果，日保养、周保养等不同周期的保养，可层层降低故障与事故的发生率。

第 7.3.3 条　物业设施设备的维护保养应实施过程信息化，并应建立预防性维护保养机制。

随着网络信息化时代的不断发展，建筑运行的过程也应跟上时代发展的脚步。利用高效管理软件预先制定维护保养方案、明确人员职责，提高维护保养的实际效果、提高管理水平和管理效率。运行维护管理单位应对物业设施设备的运行操作、维护应形成完整的技术档案，作为设施设备管理证据，便于实施管理以及优化今后运行维护方案。

实行信息化管理可以提高绿色建筑的运营效率，降低成本。系统化的数据记录与存储还有利于定期进行统计分析和设施工况优化。因此，完备的信息系统和完整的数据档案是维持绿色运营的重要手段。

近年来，虽然绝大部分物业管理机构已基本实现了物业管理信息化，但信息化覆盖和使用程度不一，仍存在以下问题：

（1）尽管 ERP 和物业管理软件得到广泛选用，在提升管理效率的同时，常出现"信息孤岛"现象，造成重要资源无法共享。

（2）信息化系统在制定开发需求时，未与业主、建筑使用者充分沟通服务需求，导致开发成果与实际需求存在差距。

（3）信息化系统运行不正常。由于物业管理人员运用信息化系统的能力不强，或建筑业主对功能、品质要求的懈怠，导致信息化系统在物业管理中不能充分发挥作用，逐渐停用部分物业信息管理系统功能。

建筑物的工程图纸资料、设备、设施、配件等档案资料不全，给运营管理、维护、改造等带来不便。部分设备、设施、配件需要更换时，往往因缺少原有型号规格、生产厂家等资料，或替代品不适配而造成困难，被迫提前进行改造。

因此，采用信息化手段，建立完善的建筑工程及设备、能耗、环境、配件档案及维修记录是非常必要的。

第3篇　绿色建筑运行维护技术研究报告

第9章　调适体系和方法研究

9.1　调适概念

调适一般始于方案设计阶段，贯穿图纸设计、施工安装、单机试运转、性能测试、运行维护和培训各个阶段，确保设备和系统在建筑整个使用过程中能够实现设计功能。

ASHRAE 指南 1—1996 中将调适定义为："以质量为向导，完成、验证和记录有关设备和系统的安装性能和质量，使其满足标准规范和要求的一种工作程序和方法。"或定义为："一种使得建筑各个系统在方案设计、图纸设计、安装、单机试运转、性能测试、运行和维护的整个过程中确保能够实现设计意图和满足业主的使用要求的工作程序和方法。"

1992 年第一届全美建筑调适年会上，主要的调适工作的倡导者——波特兰节能股份有限公司（PECI）把调适定义为：一个系统的过程——始于在设计阶段，至少一直持续到项目收尾工作后一年，而且包括操作人员的培训——需要确保所有建筑的系统之间的相互作用符合业主的使用要求和设计师的设计意图。

这个定义介绍了传统建筑调试观念的两个主要转变：第一，建筑调试的范围重点延伸到了建筑系统的整体性能以及他们之间的互相作用的整体情况。作为对立面的传统的建筑调试过程只包括了暖通空调系统。第二个转变比第一个更为重要，它将建筑调适作为一种质量保证工具。即建筑调适被定义为一系列跨越整个工程项目周期的工作，它的目的是确保在整个过程中的每个阶段都要符合设计意图和满足业主的项目需求。

建筑调适从这个角度被定义为包括两个步骤的过程。第一，业主的项目要求在工程项目的初期阶段以文件形式进行明确的记录。第二，从设计阶段开始，并且一直持续至使用阶段，经常对工程进行检查和测试，确保可以满足业主的要求。

近年来，建筑调适的全面质量管理观念在建筑工业领域呈现了强劲的发展势头。建筑调适更是被认为是一种综合性的工具，确保建筑整体满足用户的需求。

尽管实施全面综合调适过程的例子在现实中并不存在，但是调适工作正在被越来越多地应用在包括暖通系统在内的各种建筑系统的质量保证工作中。

一直以来，调适主要是针对暖通空调系统。现在，业主提出更多的系统需要调适。广义的调适包括建筑材料、围护结构、垂直和水平运输系统、景观和机电系统等。目前调适在建筑机电系统中的应用较为常见，主要包括暖通空调系统、电气系统、给水排水系统、消防系统、智能建筑系统（广播影视系统、通信系统、控制系统、安防系统）等。但有过调适应用实例的建筑系统包括建筑外围护结构、通信系统、消防系统和安保系统。各种系统调适的具体范围虽有所不同，但具备通用的工作思路。

为了满足业主的使用要求，一般将调适的整个过程分解为若干阶段进行过程控制，每个阶段设置一套科学合理、规范易行的工作程序。按照各个阶段的程序要求认真地执行，其结果必定能够满足相关规范和标准的要求，并满足业主的使用要求。

机电系统调适含义的要点归纳为三点：调适是一种过程控制的程序和方法；调适的目标是对质量和性能的控制；调适的重点从设备扩充到系统及各个系统之间。

9.2　管理体系

调适是一个以项目质量为导向，实现、验证并记录各设备、系统及部件的最佳运行状况，以达到既定目标和标准的工作过程。

调适的管理体系主要包含以下几个方面：调适项目流程、方案设计阶段、设计阶段、施工阶段、交付和运行阶段。

对新建绿色建筑而言，通过全面、系统的过程调适，不仅可以充分协调、管理各环节的施工进度、及时解决施工过程中各层面出现的问题，从而保证空调系统的施工质量，同时又可以优化配置空调系统的各相关环节，使整个空调系统达到最佳状态，在满足空调系统使用要求的前提下，降低系统的运行成本，减少空调系统在整个建筑生命周期内的运营成本。一个完整的调适过程，既可以使设备达到全功能可微调的控制，又可以获得完整的设备安装、调适、运行的过程文件，同时加强运行、维护人员相应的专业化培训技能，可谓是一举多得。

9.2.1　调适项目流程

以新建绿色建筑调适项目为例，新建绿色建筑调适流程包含四个阶段：方案设计阶段、设计阶段、施工阶段和运行维护阶段。如图 9-1 所示，每一个阶段均可以成为一个独立的闭环过程，这就意味着各阶段调适工作需要经过反复的检查与整改，直至该阶段所有问题均已得到妥善解决后，方可进行下一阶段的工作。

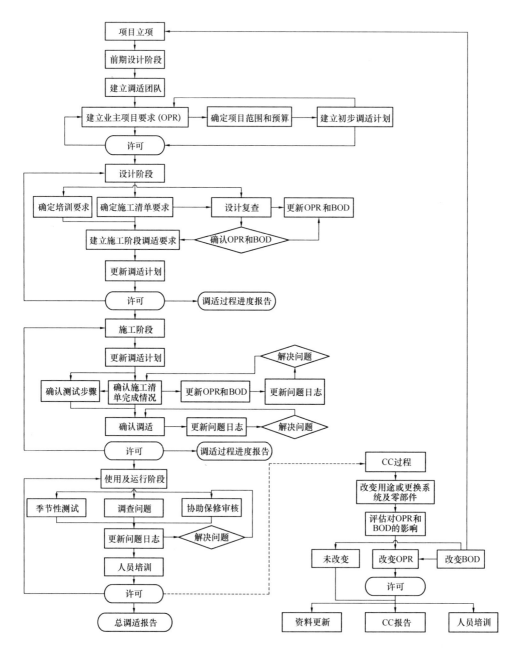

图 9-1　调适项目的系统流程图

9.2.2　方案设计阶段

方案设计阶段的目标为：建立和明确业主的项目要求。

本阶段在调适过程中至关重要，因为业主的项目要求是系统设计、施工和运行的基础，同时也决定着调适计划和时间安排进程。方案设计阶段的调适工作主要为建立业主项目要求和设计提供文件基础，确保方案设计阶段、运行维护阶段的决策均得以顺利实施和开展。

该阶段的调适过程工作主要包含以下几点：

1. 方案设计

在方案设计阶段，根据实施指南中详细介绍的调适过程的相关内容，各方对项目进行监督。

2. 建立业主项目要求

业主项目要求的制定来源于项目设计、施工、许可、运行决策的各个方面。一个高效的调适过程有赖于一份清晰、简明、全面的业主项目要求文件，有助于调适团队掌握设备及部件的设计、施工、运行及维护的相关信息。业主项目要求的每一条款都应有明确的运行和许可标准、测量标准以及相对明确的评估方法。

3. 建立调适计划

调适计划所制定的进度和步骤是一个成功调适过程所必不可少的，调适计划应以业主项目要求为基础，明确反映调适过程的范围和预算情况。调适计划包括调适过程的工作时间表、各成员职责、文档要求、通信及汇报方案、评估程序。调适计划在项目周期内需连续更新以反映计划、设计、施工、使用及运行的变更情况。

4. 建立问题日志程序

问题日志包括对不符合业主项目要求的设计、安装及运行问题的详细介绍，判定问题并追踪其的处理（包括设备的设计、施工及运行阶段）。

5. 筹备调适过程进度报告

调适过程进度报告是贯穿项目始终的周期性报告。

9.2.3　设计阶段

设计阶段的工作目标为：尽量确保施工文件满足和体现业主项目要求。

设计文件应清楚地介绍满足业主项目要求的设计意图及规范、设备系统及部件的描述。设计阶段工作组核心成员应包括业主方代表、调适顾问、设计人员以及施工/项目经理。

该阶段的调适过程工作主要包含以下几点：

1. 更新设计文件

（1）备选的系统、设备及部件。

（2）系统及相关组件的选型计算。

（3）设备系统及部件的设计运行工况。

（4）设备及部件的技术参数。

（5）标准、规范、指南、法规及其他参考文献。

（6）业主要求和指令。

（7）其他所要求的信息。

2. 更新调适计划

（1）系统及部件的确认和测试方案。

（2）施工、交付及运行阶段调适过程工作时间表。

（3）新的调适团队成员的角色及所负职责。

（4）施工、交付及运行阶段的文档和报告要求，包括步骤和格式。

（5）施工、交付及运行阶段的沟通方案。

（6）施工、交付及运行阶段的调适过程步骤。

3. 设计施工清单

（1）确认设备/部件。

（2）安装前检查。

（3）安装检查。

（4）故障和缺陷。

4. 设计文件复查

（1）对设计文件的总体质量的复查，包括易读性、一致性和完成程度。

（2）复查各专业之间的协调情况。

（3）满足业主项目要求的特定专业复查。

（4）详细说明书同业主项目要求及设计文件的适用性和一致性复查。

9.2.4　施工阶段

施工阶段的工作目标为：确保系统及部件的安装情况满足业主项目要求。

采用抽查方式确保施工阶段业主项目要求中所涉及的每一项任务和测试工作的质量。召开预定的调适团队会议以促进各方配合及保证进度一致。

该阶段的调适过程工作主要包含以下几点：

（1）协调业主方代表参与调适工作。

（2）更新业主项目要求。当业主项目要求变更时，设计及复查方面应做出必要的相应调整，以满足业主项目要求。

（3）更新调适计划。施工期间已建立的测试步骤和数据表格；完善整合施工时间表中调适过程工作；施工阶段调适团队的角色和职责，包括新工作组成员的职责；施工阶段使用的联络方式的变更。

（4）组织施工前调适过程会议。调适顾问应主持召开一次施工前的调适工作会议。会议期间，调适顾问应对业主项目要求、设计文件、统一承包文件要求进行复查，除此之外，还应复查调适过程工作相关的承包商所承担的相应职责。

（5）制定调适过程工作时间表。制定调适过程工作时间表的目的是集中协调各施工过程以保证调适团队所有成员制定其工作计划以满足业主项目要求。项目时间表应包括开始日期、持续时间、说明书及实体竣工时间。

（6）确定测试方案。针对特定系统及部件的详细测试步骤。包括如何配置系统及部件以具备测试条件，如何在测试结束后恢复系统到正常运行状态。

（7）建立测试记录，包括：

1）测试次数。

2）测试的日期及时间。

3）标明是否为首次测试，或对既有问题改正的再次测试。

4）测试确认系统、设备、部件的位置及施工文件背离情况清单。

5）测试要求的外部条件。如周围环境、相关系统状态、设定参数、各部件的状态等。

6）各步骤系统及部件的预期运行状况。

7）每一步骤系统、装备或部件的实际运行状况。

8）标明观察的每一步运行状况是否满足预期结果。

9）发现的问题。

10）执行测试人员及见证人的签名。

（8）调适过程会议。定期召开调适团队会议是维持项目进程的关键所在。会议时间表应尽可能在施工开始前期记录在案，并按时间表变化及时更新。会议日期应至少在 2 周前通知，并且与其他会议保持同步，以使得与会者的会议时间和花销最小化。参加会议的工作组成员必须取得其所代表方的正式授权，以促使调适团队会议高效完成。

（9）完成定期的实地考察：

1）确认施工进展状况以确定考察的范围。

2）随机抽取 2%～10% 的系统及部件并确认。

3）确定参与实地考察的调适团队成员。

4）依据业主项目要求进行考察。

5）针对所选系统及部件的安装情况，同已完成的施工清单进行比对，详细记录复查过程中产生的任何问题和缺陷。

6）任何已确认的安装过程中存在的问题，包括记录文件应以文档形式提供给施工单位，寻求解决办法。

7）与施工单位协商讨论已确认问题解决的办法和流程。

8）与业主方代表一同复查各类发现问题。

9）建立实地考察报告并递交调适团队成员和其他相关团队。

10）更新问题日志。

（10）监督测试。监督测试可以是现场测试见证、测试结果验证或者是测试报告的验证。在某一具体测试或者一系列测试中，根据测试的类型和复杂程度，调适顾问只执行其中的一种测试验证是可行的。通过对设备或者测试结果进行随机抽查来验证测试或测试报告中数据的可靠性。测试应符合以下要求：

1）测试应按已许可的书面步骤进行，测试数据、结果应记录在测试表格中并得到验证。

2）允许的情况下，与已许可的步骤和方法的偏离应以文档的形式记录下来。

3）测试应在运行工况稳定后记录测试数据。

4）测试中如发现问题，应在合同范围内立即停止并建立问题报告。如果问题不能短期内解决，则进行其他测试，在其他测试完成之后，再对上述项目进行测试。

5）如果复查检测数据时发现问题，应给出合理的解释，否则全部进行重新测试。

6）测试完成后，测试人员和见证人员应在记录表格上签名，以证明数据和结果的真实性。

（11）核查培训情况。针对每个培训（技能、操作或其他培训），应在合理时期内（例如 3 个星期后），随机抽取 $5\% \sim 10\%$ 的接受培训人员进行测试或对培训材料进行非正式评估。目的在于确保接受培训人员掌握业主项目要求中规定的设备运行维护的相关知识。受训人员应了解并学会查找相关知识的出处，且充分理解、掌握问题的诊断及解决的关键步骤。

（12）调适过程进度报告：

1）任何不符合业主项目要求的系统及部件。由于各种原因，业主可能选择永远接受不满足业主项目要求的内容或性能，除非时间表和预算限制被修改。业主对于这些情况的许可应记录在案，包括对环境影响、健康影响、安全影响、舒适性影响、能源影响以及运行维护费用的影响。业主项目要求必须及时更新及匹配修改后的预期状况。

2）测试完成时进行系统运行状况评估。

3）施工清单的完成和确认情况概要。

4）问题日志结果。应包括问题的介绍和采取的解决措施。介绍应评估问题的严重性和改正措施对环境、健康状况、安全、舒适性、能源消耗运行维护费用造成的影响。

5）测试步骤和数据。此部分应将原始测试方案同测试数据表格进行整合，包括附加数据，例如照片、计算机生成文档和其他测试记录。数据应包括最终认可测试和未完全达到标准要求的早期测试。

6）延期测试。一些测试可能延期至适当的自然条件，如要求一定的负荷率或合适的室外环境时方可进行，对于这些延期测试而言，测试条件和预计完成时间表应予以明确。

7）总结经验。调适过程中的评估和变更将在入住和运行阶段促使已交付的项目进一步改进，并且其内容将构成最终调适过程报告的基础。信息更新时，确保将问题、影响及建议记录在文档中是至关重要的。

施工过程的调适进度报告应提交业主复查，调适过程报告的草稿应同时提交给其他调适团队成员，施工过程最终调适过程报告应包含业主与其他调适工作成员的复查意见。

（13）更新系统手册。更新系统手册应包含施工阶段形成的调适文件，增加的文件包括：

1）测试步骤和测试数据报告。

2）培训计划。

3）培训记录。

4）图纸记录。

5）提交复查报告。

6）最新业主项目要求。

7）最新设计文件。

8）最新调适计划。

9）最新问题日志。

10）调适过程进度报告。

9.2.5　交付和运行阶段

交付及运行阶段的目标为：使设备系统及部件满足持续运行、维护和调节要求并根据业主的最新要求更新相关文件。

该阶段的调适过程工作主要包含以下几点：

1. 定期确认系统、设备、部件的运行状况

为确保系统、设备的正常运行，应进行持续性调适，包括以下内容：

（1）维持业主项目要求持续更新以反映设备使用和运行状况的变化。

（2）维持设计文件持续更新以反映因业主项目要求变化而更新的系统及部件的变化。

（3）定期评估以满足现阶段业主项目要求以及先前测试的基准。

（4）维持系统手册持续更新以反映业主项目要求、设计文件和系统/部件的变化情况。

（5）持续培训，培训对象为现阶段业主项目要求的运行维护人员和使用者。

2. 建立系统手册

建立系统手册包含搜集与系统、部件和调适过程有关的相应信息，并且将所有附录和参考资料汇总为一份实用性文件。这份文件应包括最终业主项目要求、设计基础、最终调适计划、调适过程报告、设备安装手册、设备运行及维护手册、系统图表、已确认的记录图纸和测试结果。这些信息应针对建筑内关键系统（电气系统、空调通风系统、给水排水系统、防火报警系统等）进行编辑并整理，应同运行维护人员协调建立标准化形式以简化未来的系统手册建立环节。

3. 进行培训

项目交付阶段，对运行维护人员和使用者的培训内容应根据设备、系统和部件情况而确定，运行维护人员需具有运行该设备的基本知识和技能。使用者需要理解其对设备使用及运行能力所造成的影响，以满足业主项目要求。

培训要求应通过技术研讨会、访问或调查的方式获得，在此基础上确定培训的内容、深度、形式、次数等，具体如下：

(1) 培训所涉及的系统、设备以及部件。

(2) 使用者的整体情况和要求。

(3) 运行维护人员专业技术水平及学识状况。

(4) 培训会的次数和类型。

(5) 制定可量化的培训目标及教学大纲，明确预期受训者应具有的特定技能或知识。

9.3　管理文件

9.3.1　调适计划

在调适项目中，调适计划是一份具有前瞻性的整体规划文件。一般由调适顾问根据项目的具体情况起草并完成，随后在调适项目的首次会议（项目启动会）上，由调适团队的各成员参与讨论，会后调适顾问应针对讨论中提出的各项问题进行详细的分析判断，并对调适计划进行修改，提出相应的解决方案。一般情况下，修改后的调适计划应经过调适团队的各位成员再次讨论并修改，重复以上过程，直到各方形成统一意见。

一份计划得当、周密、时间分配合理的调适计划，可以使调适团队各成员更好地理解调适工作的整体思路，更深入地了解其他成员在项目不同阶段的职责、工作范围及相关配合事宜。虽然调适计划不可能做到面面俱到，也不可能在项目初期就能预测到将来可能发生的所有问题并做出预案，但一份相对缜密的调适计划对于整个调适项目的进行和实施，对于突发问题的准备和预防仍然具有重大意义。也正因如此，调适计划必须随着项目的进行而持续修改、更新。通常情况下，每个月都应对调适计划进行适当的调整，在每个调适阶段结束后、下一个调适阶段开始前，都应该对调适计划进行系统性的修改和更新。

调适目录参考格式　　　　　　　　　表 9-1

目　　录
调适计划概述
调适过程介绍
方案设计阶段
明确业主的项目要求
建立初步的调适计划
调适过程问题
第一步——确定并记录问题
第二步——计算已规避的费用
第三步——评估已规避费用的范围
设计阶段
审查并修改项目详细说明书
确认设计文件
更新调适计划
完成设计审查
确定调适过程合同文件要求
招标前会议
施工阶段
召开施工前会议
承包商提交审查文件
施工清单
交货单
安装前检查
安装及初始检查
培训
测试
使用及运行阶段
最终调适报告
季度测试
继续培训
保修复查
经验总结会议
合同信息
调适时间表
仪器仪表信息
人员、资质要求

73

续表

附录部分

附录A——业主的项目要求

附录B——设计文件

附录C——项目详细说明书

附录D——沟通方式

附录E——各参与方及职责

附录F——已调适的系统（系统及部件清单）

附录G——调适时间表

附录H——招标前会议

附录I——施工前会议

附录J——提交情况审查

附录K——调适过程出现的问题

附录L——施工清单

附录M——测试

附录N——培训

附录O——系统手册

附录P——会议纪要

附录Q——来往信函

附录R——保修复查

附录S——经验总结

9.3.2　业主的项目要求文件

业主的项目要求文件是调适工作的核心文件。如果没有建立该文件，业主、设计人员、承包商、运行及维护人员等各方由于各自利益和工作内容的不同，经常会产生分歧，影响项目的进度，甚至最终导致项目失败。在很多国内外的失败项目中，很少有项目建立了业主的项目要求文件。该文件反映了业主、使用者的实际需求，是保障调适工作顺利完成的最关键因素。

业主的项目要求文件主要内容包括：

（1）背景——提供项目内容简介。

（2）目标——对任何项目而言，都有必须完成的目标。项目目标可以是初投资、时间表，也可以是生命周期成本。不管最终确定的目标是什么，都必须确保该目标是由大家共同商讨决定的。

（3）绿色建筑理念——为致力于建筑可持续运行的业主提供的一个可选部分。

（4）功能和要求——除了建筑师要求的关于楼宇使用功能（办公室、仓库、厨房等）的一般性文件外，各功能区域的特定要求也应记录在案。包括保密性、安全性、舒适性、节能、可维护性和室内空气品质。

（5）寿命、成本及质量——明确记录业主对材料寿命、施工成本的期望及其想要的质量水平，这是至关重要的。通过提供这部分信息，可以确定并避免出现不切实际的期望值。

（6）性能指标——通常很难确定系统各部分可接受的最低性能指标要求。

（7）维护要求——维护要求是现有运行维护人员的知识水平（他们能维护何种设备）和系统的预期复杂程度（他们所能学到的内容）的一个整合。如果二者间存在明显差距，则不管建筑施工情况如何，该建筑都不可能实现合理的运行和维护。

9.3.3　施工清单

施工清单是承包商用来详细记录各设备的运输、安装情况，以确保各设备及系统正确安装、运行的文件。

施工清单包括两种类型：（1）基于部件/设备。这些施工清单用来记录在施工过程中各部件和设备的运输安装和启动情况。各部件和设备均应有一份独立的清单。（2）基于系统/部件组合。这些清单适用于其部件无法用独立的清单记录的系统或组合，整个系统通常采用同一个清单。

1. 设备清单

填写设备清单时应详细记载设备的各项信息，如品牌、型号、尺寸等，以及是否已经到货、安装等情况。此设备清单应定期更新，并统一归档。

2. 安装前检查表

安装前的检查表格由承包商组织相应的技术人员进行填写，并交予调适顾问审核，调适顾问可以采用抽样的方式对检查表格中所填写的信息进行核对。设备安装前的检查包括外观检查和各相关组件的检查。

3. 安装过程检查表

安装过程检查表格由承包商组织相应的技术人员进行填写，并交予调适顾问审核，调适顾问可以采用抽样的方式对检查表格中所填写的信息进行核对。设备安装过程的检查包括外观检查和各相关组件的检查。

9.3.4　问题日志

问题日志是记录在调适过程中出现的问题及其解决办法的正式文件，由调适团队在调适过程中建立，并定期更新。问题日志作为调适工作过程中最重要的一份过程文件，可以详细记录调适过程中出现的所有问题，包括时间、地点、所属系统，问题的初步判断，以及对此问题的后续跟踪，直至此问题解决或者找到其他替换方案。

调适顾问在进行核查时，可根据项目的大小和合同内容来确定抽样调查的比例，一般不低于 20%。承包商有义务安排相关施工人员完成问题日志的建立和填写，并定期交予调适顾问。调适顾问应在调适例会上针对重要或疑难问题组织相关人员进行讨论，提出合理的解决方案并对问题进行持续的跟踪调查，直到问题得到解决或妥善处理。

9.3.5　调适过程进度报告

调适过程进度报告是用来详细记录调适过程中各部分的完成情况、各项工作和成果的文件。各阶段的调适过程进度报告最终将汇总在一起构成系统手册的一部分。

调适过程进度报告通常由以下几部分组成：

（1）项目进展概况。

（2）本阶段各方职责、工作范围。

（3）本阶段工作完成情况。

（4）本阶段工作中出现的问题及跟踪情况。

（5）本阶段尚未解决的问题汇总及影响分析。

（6）下一阶段的工作计划。

9.3.6　系统手册

系统手册是一份以系统为重点的复合文档，包括使用和运行阶段的运行指南、维护指南以及业主使用中的附加信息。

建立系统手册包括搜集与系统、部件和调适过程有关的所有信息，并且将所有信息进行整合，最终整理成一份可供参考的实用性文件。系统手册应包括业主最终的项目要求文件、设计文件、最终调适计划、调适报告、厂商安装手册、厂商运行及维护手册、系统图表、已确认的记录图纸和测试结果。这些信息应针对建筑的主要部分（屋顶、墙体、防火警报、冷冻水系统、热水系统等）进行分类并整理，应同运行维护人员进行协商建立标准化格式和分类，以简化将来建立系统手册的环节。系统手册还应包括定期的维护和系统信息录入工作，包括设备构造和模型信息、维护要求和故障问题等相关信息的录入工作。调适顾问应负责系统手册建立的确认工作。在建立系统手册时，应将项目所涉及的各个部分都包含在内，并搜集系统及部件的各项数据，保存为电子版或纸质版。除此之外，还应提供纸质版的运行手册、服务手册、维护手册、备用设备清单和维修手册。业主、承包商、设计人员和其他相关人员应具有设计、施工和运行所要求的相关经验和技能，并建立一份完整的系统手册。

对于系统手册中需要详细介绍的内容都应在相应的技术性调适指南中予以细

化。系统手册的章节数及结构是根据调适过程所涉及的系统数量来定的。此外，还应在系统手册中列出详细的目录并标记存储位置，以便查询。下文为系统手册大纲的参考格式：

1. 总纲

（1）执行概要（设备级）。本节是对建筑及其系统进行总体介绍，应包括设备类型介绍、楼层数、绿化面积、使用面积、使用率等的一般性介绍以及系统的总体介绍，还应包括根据设计和建筑规范要求列举的建筑主要功能和限值。此外，这部分还应包括参与该项目的承包商、分包商、供应商、设计师和工程师名单及其相应的合同信息。

（2）业主的项目要求（设备级）。本节包括业主对设备的项目要求的最终副本，该文件起草于方案设计阶段，并在项目执行过程中由业主、调适顾问或者设计专家不断修订更新。

（3）设计文件（设备级）。本节包括设备级设计文件的最终文档。该文件由设计师在设计阶段建立，并在施工阶段根据变化进行修订更新。

（4）施工记录文档和说明书（特定系统部分不包括该内容）。本节包括一系列施工记录文档（包括说明书），并持续更新以反映最终的安装情况。特定的系统不包含这部分内容。

（5）已批准的提交文件（特定系统部分不包括该内容）。本节包括一系列已批准的提交文件的副本，并且文件中现场修改部分和附件都应明确标记。另外，最初的提交文件的修改意见也应包括在内。

（6）设备的正常、异常、紧急模式操作程序（设备级）。本节包括正常、异常、紧急模式下详细的设备操作流程，都只是一些常规的操作程序，而不是要用于自动控制系统。例如，在不同的情况下（正常操作、非工作时间操作、火警、应急电源操作等）建筑如何运行。

（7）设备级的运行记录推荐格式，包括其样本类型、问题日志及其逻辑依据。本节主要用于指导运行维护人员何种信息应该记录存档，以及为何这些信息将来会对业主和运行维护人员重要或有利。

（8）维护程序、时间表和建议（设备级）。本节主要包括厂商提出的维护程序建议，此外，当该程序基于系统执行时，特定系统部分可不包括该部分内容。

（9）持续最优化（设备级）。本节旨在指导业主通过制订周期性的比对计划以保持设备性能的最优化。为了满足项目要求和设计要求，以及明确当业主的项目要求无法满足时的处理方法，项目施工最初阶段会设立检查清单以及测试数据记录表格，而这些正是比对计划的制定依据。

（10）附件——调适文件列表及存储位置。

2. ×××系统/部件组合

（1）执行概要（×××系统/部件组合）。本节包括对系统/部件组合的介绍，应包括系统/部件组合类型介绍、总体介绍和系统图，其中还应包括根据设计和建筑规范要求列举的主要功能和限值清单。此外，这部分还应包括参与该项目的承包商、分包商、供应商、设计师和工程师名单及其相应的合同信息。

（2）业主的项目要求（×××系统/部件组合）。本节包括业主对于系统/部件组合的项目要求的最终副本，该文件起草于方案设计阶段，并在项目执行过程中由业主、调适顾问或者设计专家不断修订更新。

（3）设计文件（×××系统/部件组合）。本节包括与特定系统相关的设计文件（包括设计意图）的最终文档。该文件由设计师在设计阶段建立，并在施工阶段根据变化进行修订更新。

（4）施工记录文档和说明书（×××系统/部件组合）。本节包括一系列施工记录文档（包括说明书），并已更新到最新版本，能够反映特定的系统/部件的最终安装情况。

（5）已批准的提交文件（×××系统/部件组合）。本节包括一系列已批准的与系统/部件相关的组件的提交文件的副本，并且文件中现场修改部分和附件都应明确标记。另外，最初的提交文件的修改意见也应包括在内。

（6）正常、异常、紧急运行模式的操作程序（×××系统/部件组合）。本节包括正常、异常、紧急运行模式下详细的操作流程，都只是一些常规的操作程序，而不是要用于自动控制系统。

（7）运行记录推荐格式，包括样本类型、问题日志及其逻辑依据（×××系统/部件组合）。本节主要用于指导运行维护人员何种信息应该记录存档，以及为何这些信息将来会对业主和运行维护人员重要或有利。

（8）维护程序、时间表和建议（×××系统/部件组合）。本节主要包括厂商提出的维护程序及维护时间的建议。

（9）最优化进程（×××系统/部件组合）。本节旨在指导业主通过制定周期性的比对计划以保持系统/部件性能的最优化。为了满足项目要求和设计要求，以及明确当业主的项目要求无法满足时的处理方法，项目施工最初阶段会设立检查清单以及测试数据记录表格，而这些正是比对计划的制定依据。

（10）运行维护手册（×××系统/部件组合）。本节包括厂家为某系统/部件的特定设备/零件提供的运行维护手册、常见问题的解决办法以及每个应用系统图。

（11）培训记录。本节包括了培训的相关信息，并且提供后续培训的情况。

（12）×××系统/部件调适报告。本节为某系统/部件的最终调适报告，包括所有的测试过程、测试结果和测试表格。

9.3.7　培训记录

通常，在递交调适报告后，调适工作即宣告结束。但实际上，完整的调适工作还应包括对建筑运行维护人员的培训。目前，建筑信息化、自动化、集成化程度越来越高，但国内物业人员技术水平普遍偏低，如非专业人士对建筑的不合理运行维护将导致预期的调适成果无法实现。为避免这种情况出现，调适顾问应在调适工作结束之后，对建筑的实际运行维护人员进行系统的培训，并做好相应的培训记录。

9.4　调适专项技术方法

9.4.1　制冷系统的检测

9.4.1.1　冷水机组检测

在公共建筑中，最常见的冷水机组是氟利昂制冷系统。冷水机组的检查目的是检查机组的安装情况及运行参数是否与要求相符合。冷水机组根据冷凝器的形式，可以分为水冷式制冷机和空气冷却式制冷机。我们将以水冷式制冷机为例进行讲解，空气冷却式制冷机相较水冷式制冷机更为简单。

冷水机组的单机调适的主要目的之一是测试机组的制冷量和性能是否满足设计要求。在单机调适的过程中，可对冷机制冷量、冷机能效系数进行测定。

1. 冷机制冷量检测

（1）测点布置

温度传感器应设在靠近机组的进出口处；流量传感器应设在设备进口或出口的直管段上，并符合冷水机组测试要求。

（2）检测步骤与方法

1）按国家标准《容积式和离心式冷水（热泵）机组性能试验方法》GB/T 10870 规定的液体载冷剂法进行检测。

2）检测时应同时分别对冷水的进、出口水温和流量进行检测，根据进、出口水温差和流量检测值计算得到系统的供冷量。

3）每隔 5～10min 记录 1 次数据，连续测量 1h，取每次读数的平均值作为测试的测定值。

（3）数据处理

机组的制冷量可按下式计算：

$$Q_0 = \frac{V \cdot \rho \cdot c \cdot \Delta T}{3600} \tag{9-1}$$

式中　Q_0——机组制冷量，kW；

　　　V——冷冻水流量，m³/h；

　　　ρ——冷冻水平均密度，kg/m³；

　　　c——冷冻水平均定压比热，kJ/（kg·℃）；

　　　ΔT——冷冻水进、出口平均温差，K。

2. 能效系数检测

（1）检测步骤与方法

1）被测机组测试状态稳定后，开始测量冷水机组的冷量，并同时测量冷水机组耗功率。

2）每隔5～10min记录一次数据，连续测量1个小时，取每次读数的平均值作为测试的测定值。

3）工程现场测试冷水机组的校核试验热平衡率偏差不大于15%。

（2）数据处理

1）电驱动蒸汽压缩循环冷水机组的能效系数（COP）按下式计算：

$$COP = \frac{Q_0}{N_i} \tag{9-2}$$

式中　N_i——机组平均实际输入功率，kW。

2）溴化锂吸收式制冷机组的能效系数按下式计算：

$$COP = \frac{Q_0}{\dfrac{W \cdot q}{3600} + P} \tag{9-3}$$

式中　W——燃料消耗量，燃气单位为m³/h；燃油单位为kg/h；

　　　q——燃料低位热值，kJ/m³或kJ/kg；

　　　P——消耗的电力，kW。

图9-2　冷却塔

9.4.1.2　冷却塔检测

冷却塔是用水作为冷却剂，通过与空气的热质交换来降低水温的装置，如图9-2所示。在冷水机组中，冷却塔为制冷机提供冷却水。在暖通空调的应用中，按照水路系统的形式，分为开式系统与闭式系统。两者的主要区别是循环水在冷却的过程中是否直接与空气接触。顾名思义，开式系统中循环水与空气直接接触，闭式系统则不接触。在大型冷水机组中应用较多的是开式系统，因此，我们将主要介绍开式冷却塔的单机调适。

与制冷机类似，在进行单机调适前，调适主管要收集相关的资料，主要是产品手册、安装指南以及试运转程序。冷却塔的单机调适分为安装检查与试运转检查。

冷却塔在试运行的过程中，管道内残留的以及随空气带入的泥沙、尘土会沉积到集水池底部，因此在试运转工作结束后，应清洗集水池，并清洗过滤器。冷却塔试运转后如果长期不使用，应将循环管路以及集水池中的水全部排出，防止形成污垢和冻坏设备。对于变频器的安装检查以及试运行，厂家一般有一套成熟的步骤，相关参考资料也比较多，本书不再累述。

冷却塔单机调适的主要目的与制冷机组是一样，也要测试其性能是否满足设计要求。在调适过程中，可对冷却塔的效率进行测试。

1. 检测步骤与方法

（1）待冷却塔运行状态稳定后，开式测量，冷却水流量不低于额定流量的 80%。

（2）测量冷却塔进出口水温，并测量冷却塔入风口空气湿球温度。

2. 数据处理

冷却塔效率可按下式计算：

$$\eta_{ic} = \frac{T_{ic,\text{in}} - T_{ic,\text{out}}}{T_{ic,\text{in}} - T_{iw}} \times 100\% \tag{9-4}$$

式中　　$T_{ic,\text{in}}$、$T_{ic,\text{out}}$——分别为冷却塔进、出口水温，℃；

$\quad\quad\quad\quad$ T_{iw}——环境空气湿球温度，℃。

9.4.2　水系统

暖通空调的水系统，包括水泵、管路以及配套的自动和手动阀门等等。在进行水系统单机调适之时，通常进行水泵的检查、检测及水系统的水力平衡（TAB）。

9.4.2.1　水泵检查

水泵是输送液体的设备。衡量水泵性能的技术参数包括流量、扬程及效率。单机调适的主要目的就是检测水泵的各项技术参数是否满足设计要求。

水泵的流量和扬程可以通过现场测试，直接获得，其效率可通过如下方法检测与计算。

1. 检测步骤与方法

水泵运行状态稳定后，开始测量，包括水泵流量、水泵扬程，以及水泵进出口压力表的高差，同时记录水泵输入功率。当测量水泵进、出口压力时，应注意两个测点之间的阻力部件（如过滤器、软连接和弯头等）对测量结果的影响，如果影响不能忽略，则应该进行修正。

检测工况下，每隔 5～10min 记录 1 次数据，连续测量 1h，并取每次读数的平均值。

2. 数据处理

水泵效率按下式计算：

$$\eta = \frac{\dot{V} \cdot \rho \cdot g(\Delta H + Z) \cdot 10^{-6}}{3.6 \times W} \times 100\% \qquad (9\text{-}5)$$

$$\Delta H = \frac{P_{out} - P_{in}}{\rho \cdot g} \qquad (9\text{-}6)$$

式中　$\dot{V}$——水泵平均流量，m^3/h；

ρ——水的平均密度，kg/m^3；

g——自由落体加速度，为 $9.8m/s^2$；

ΔH——水泵平均扬程：进、出口平均压差，mH_2O；

P_{out}——水泵出口压力，Pa；

P_{in}——水泵入口压力，Pa；

Z——水泵进、出口压力表高度差，m；

W——水泵平均输入功率，kW。

9.4.2.2　水系统的 TAB

　　集中供热和中央空调的水系统运行中，水力失调是常见的问题。由于水力失调导致系统流量分配不合理，某些区域流量过剩，某些区域流量不足，造成某些区域冬天不热、夏天不冷的情况，系统输送冷、热量不合理，从而引起能源的浪费。水系统 TAB 的实质就是将系统中所有水力平衡阀的流量调至设计流量。水力失调可分为静态水力失调和动态水力失调。静态水力失调是由于设计、施工、设备材料等原因导致的管路系统特性阻力系数的实际值偏离设计值而引起的水力失调。动态水力失调是在运行过程中，末端设备的阀门开度变化引起水流量改变时，管路系统的压力产生波动，从而导致其他末端设备流量偏离设计值的一种现象。在集中空调的变水量系统中，只要做好了静态水力平衡，由于末端电控阀的自调节功能，一般不会出现动态水力失调的现象。动态水力失调通常会发生在定水量（水泵无变频）的集中供热系统管网中，当某一区域用户需求改变时所引起的管路系统压力变化，将导致其他区域用户的供水量被动的变化。动态水力平衡一般采用动态平衡阀自动实现，通常不需要人工干预。在单栋建筑的水系统中，只要静态水力平衡做好了，一般不会有动态水力失调的问题。因此，TAB 通常指的是静态水力平衡调节。

　　静态水力平衡调节一般通过调节手动平衡阀来实现。手动平衡阀（也称静态平衡阀）通过改变开度产生的阀门流动阻力特性来调节流量。因此，实际上是一个局部系数可以改变手动改变的阻力元件。其调节性能一般介于线性曲线和对数特性曲线之间。

常用的静态水力平衡调节方法有：比例调节法、补偿调节法和回水温度调节法。

1. 比例调节法

集中供暖与中央空调系统每个支路均安装水力平衡阀是比例调节法的充分必要条件。这是由水力平衡阀的特性决定的，水力平衡阀有两个特性：

具有良好的调节特性。一般质量较好的水力平衡阀具有直线流量特性，即在阀两端压差不变时，其流量与开度呈线性关系。

流量实时可测性。通过专用流量测量仪表，可以对流过水力平衡阀的流量进行实测。

（1）单个水力平衡阀调节

单个水力平衡阀的调节最简单，只需连接专用的流量测量仪表，将阀门直径及设计流量输入仪表，根据仪表显示的开度值，旋转水力平衡阀手轮，至测量流量等于设计流量即可。

（2）已有精确计算的水力调节阀的调节

对于某些在设计时已进行精确水力平衡计算的水系统，系统中每个水力平衡阀的流量和所承担的设计压降是已知的。这时水力平衡阀的调节步骤为：

1）在设计资料中查出水力平衡阀的设计压降。

2）根据设计图纸，查出（或计算出）水力平衡阀的设计流量。

3）根据设计压降和设计流量以及阀门直径，查水力平衡阀特性曲线图，找出此时平衡阀所对应的设计开度。

4）将手动平衡阀开度调至设计开度。

（3）一般系统水力平衡阀的联合调节

对于目前绝大部分的暖通空调水系统，设计时只给出了水力平衡阀的设计流量，而没有给出压差，而且系统中包含多个水力平衡阀，在调节时，它们之间的流量变化会互相干扰。

2. 补偿调节法

补偿调节法也是根据一致性等比失调原理，上游用户的调节会引起下游用户之间发生一致性等比失调。因此像比例调节一样，从最下游用户开始调节，由远到近把被调用户调节到基准用户。其他用户的调节会引起基准用户水力失调度的改变，但基准用户水力失调的改变又可以通过所在分支调节阀（称为合作阀）的再调整得以还原。各支线之间的调整也是如此。这种通过合作阀再调节来保持基准用户水力失调度维持在某一数值的调节方法称为补偿法。

3. 回水温度调节法

当管网用户入口没有安装平衡阀，或当入口安装有普通调节阀但调节阀两端的压力表不全，甚至管网入口只有普通阀门时，可以采用回水温度调节法来进行调节。这种方法只适合系统投入运行后，按照建筑负荷需求来调节。调节时监测调节支路的回水温度，当回水温度为设计温度时，支路调节完成。

9.4.3　风系统

这里的风系统主要是指新风机组、组合式空调机组的功能组件以及空调末端设备。

9.4.3.1　空调机组的检查

在进行空调机组单机调适时，应该在12h内至少启动3次，每次间隔不小于3h。在系统运行的过程中，观察是否有异常的噪声、振动，部件是否频繁开启，有无设备过热、渗漏等等。

风系统的单位风量耗功率应满足《公共建筑节能设计标准》GB 50189 中的要求。根据单机调适的测量数据，我们可用下式计算风机的单位风量耗功率：

$$W_s = \frac{P}{3600 \times \eta_t} \tag{9-7}$$

式中　W_s——风机单位风量耗功率，W/（m³·h⁻¹）；

P——风机全压值，Pa；

η_t——包含风机、电机、变频器及传动效率在内的总效率，%。

9.4.3.2　风系统的水力平衡调节

在风系统的单机调适过程中，我们需要对风系统进行水力平衡调节以及管道的漏风检查，具体方法与步骤如下。

1. 风量的测定

空调系统风量的测定内容包括：测定总送风量、新风量、回风量、排风量，以及各干、支风管内风量和送（回）风口的风量等。

（1）风管内风量的测定方法

1）绘制系统草图

根据系统的实际安装情况，参考设计图纸，绘制出系统单线草图供测试时使用；在草图上，应标明风管尺寸、测定截面位置、风阀的位置、送（回）风口的位置等。在测定截面处，应说明该截面的设计风量、面积。

2）测定截面位置及其测点位置的确定

在用毕托管和倾斜式微压计测系统总风量时，测定截面应选在气流比较均匀稳定的地方。一般都选在局部阻力之后大于或等于4倍管径（或矩形风管大边尺寸）和局部阻力之前大于或等于1.5倍管径（或矩形风管大边尺寸）的直管段上，当条件受到限制时，距离可适当缩短，且应适当增加测点数量。

测定截面内测点的位置和数目，主要根据风管形状而定。对于矩形风管，应将截面划分为若干个相等的小截面，并使各小截面尽可能接近于正方形，测点位于小截面的中心处，小截面的面积不得大于 $0.05\mathrm{m}^2$。在圆形风管内测量平均速度时，应根据管径的大小，将截面分成若干个面积相等的同心圆环，每个圆环上测量四个点，且这 4 个点必须位于互相垂直的两个直径上。

3）测量方法

将毕托管插入测试孔，全压孔迎向气流方向，使倾斜式微压计处于水平状态，连接毕托管和倾斜式微压计，在测量动压时，不论处于吸入管段还是压出管段，都是将较大压力（全压）接 "＋" 处，较小压力（微压）接 "－" 处，将多向阀手柄扳向 "测量" 位置，在测量管标尺上即可读出酒精柱长度，再乘以倾斜测量管所固定位置上的仪器常数 K 值，即得所测量的压力值。

4）风管内风量的计算

通过风管截面的风量，可按下式计算：

$$L = 3600 \times FV \tag{9-8}$$

$$V = \left(\frac{2 \times P_{\mathrm{ab}}}{\rho}\right)^{\frac{1}{2}} \tag{9-9}$$

式中　L——风管风量，m^3/h；

　　　F——风管截面积，m^2；

　　　V——测量截面平均风速，m/s；

　　P_{ab}——测得的平均动压，Pa；

　　　ρ——空气密度，kg/m^3。

5）系统总风量的调整

系统总风量的调整可以通过调节风管上的平衡阀开度来实现。

（2）风口风量的测定

风口风量的测定首先测量风口平均风速，然后根据测得的风速计算出风口风量。各送、回风口或吸风罩风速的测定有两种方法：

1）截面定点测量法

用热球风速仪在风口截面处用定点测量法进行测量，测量时可按风口截面的大小，划分为若干个面积相等的小块，在其中心处测量。对于尺寸较大的矩形风口可分为同样大小的 8~12 个小方格进行测量；对于尺寸较小的矩形风口，一般测 5 个点即可；对于条缝形风口，在其高度方向至少应有 2 个测点，沿条缝方向根据其长度分别取对应测点；对于圆形风口，按其直径大小可分别测 4 个点或 5 个点。

2）匀速移动测量法

对于截面积不大的风口，可将叶轮风速仪沿整个截面按一定的路线慢慢地匀速移动，移动时风速仪不得离开测定平面，此时得到的结果可认为是截面平均风速，此法须进行 3 次，取其平均值。

测得风速后，可根据下式计算风量：

$$L = 3600 \cdot F \cdot V \cdot K \tag{9-10}$$

式中　L——风口风量，m^3/h；

　　　F——风口外框面积，m^2；

　　　V——风口平均风速，m/s；

　　　K——考虑风口结构和装饰形式的修正系数，一般取 $0.7\sim1.0$。

2. 风系统平衡调节方法

目前使用的风量调整方法有流量等比分配法、基准风口调整法和逐段分支调整法，平衡调节时可根据空调系统的具体情况采用相应的方法进行调整。

（1）基准风口法

以图 9-3 为例，具体步骤如下：

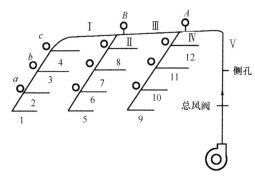

图 9-3　系统风量平衡调节示意图

1）风量调整前先将所有三通调节阀的阀板置于中间位置，而系统总阀门处于某实际运行位置，系统其他阀门全部打开。然后启动风机，初测全部风口的风量，计算初测风量与设计风量的比值（百分比），并列于记录表格中。

2）在各支路中选择比值最小的风口作为基准风口，进行初调。

3）先调整各支路中最不利的支路，一般为系统中最远的支路。

4）同理调整其他支路，各支路的风口风量调整完后，再由远及近，调整两个支路（如支路Ⅰ和支路Ⅱ）上的手动调节阀（如手动调节阀 B），使两支路风量的比值近似相等。如此进行下去。

5）各支路送风口的送风量和支路送风量调适完后，最后调节总送风道上的手动调节阀，使总送风量等于设计总送风量，则系统风量平衡调适工作基本完成。

6）但总送风量和各风口的送风量能否达到设计风量，尚取决于送风机的出风率是否与设计选择相符。若达不到设计要求就应寻找原因，进行其他方面的调整。调整达到要求后，在阀门的把柄上用油漆做好标记，并将阀位固定。

7）在平衡调节前应将各支路风道及系统总风道上的调节阀开度调至 $80\%\sim85\%$ 的位置，以利于运行时自动控制的调节并保证系统在较好的工况下运行。

8）风量测定值的允许偏差：风口风量测定值与设计值的允许偏差为 15%；系统总风量的测定值应大于设计风量 10%，但不得超过 20%。

（2）流量等比分配法（也称动压等比分配法）

此方法用于支路较少且风口调整试验装置（如调节阀、可调的风口等）不完善的系统。系统风量的调整一般是从最不利的环路开始，逐步调向风机出风段。最后测量并调整风机的总风量，使其等于设计总风量。这一方法称"风量等比分配法"。调整达到要求后，在阀门的把柄上用油漆记上标记，并将阀位固定。

3. 风管漏风检查

目前施工阶段的漏风检查主要有漏光法检测和漏风量测试，并且主要对主管段进行检查，而未对支管道进行检测。对空调漏风量要求更高的空调系统，特别是变风量空调系统和低温送风系统，应对整个系统的管道包括支管道进行漏风检查。

（1）漏光法检测

1）风管系统漏光检测时，移动光源可置于风管内侧或外侧，其相对侧为暗黑环境。

2）检测光源沿着被检测风管接口、接缝处作垂直或水平缓慢移动，检查人在另一侧观察漏光情况。

3）若有光线射出，作好记录，并统计漏光点。

4）根据检测风管的连接长度计算接口缝长度值。

5）系统风管的检测宜采用分段检测、汇总分析的方法。系统风管的检测以总管和主干管为主。低压系统风管每 10m 接缝，漏光点不大于 2 处，且 100m 接缝平均不大于 16 处为合格；中压系统风管每 10m 接缝，漏光点不大于 1 处，且 100m 接缝平均不大于 8 处为合格。

（2）压力法检测

1）风管组两端的风管端头封堵严密，并在一端留有两个测量接口，分别用于连接漏风量测量装置及管内静压测量仪。

2）将测试风管组置于测试支架上，使风管处于安装状态，并安装测试仪表和漏风量测量装置。

3）接通电源、启动风机，调整漏风量测试装置节流器或变频调速器，向测试风管组内注入风量，缓慢升压，使被测风管压力示值控制在要求测适的压力点上，并基本保持稳定，记录漏风量测试装置进口流量测试管的压力或孔板流量测试管的压差。

4）记录测试数据，计算漏风量；根据测试风管组的面积计算单位面积漏风量；计算允许漏风量；对比允许漏风量判定是否符合要求。实测风管单位面积漏风量不大于允许漏风量时，判定为合格。

（3）红外热像仪检测

在系统投入运行后，使用以上两种方式进行漏风检查操作不方便，可使用红外热像仪进行扫漏，操作简便，并且可以发现漏风点，现场进行封堵。漏风量检查是中央空调系统特别是变风量空调系统调适的检查阶段中非常重要的一环。变风量空调系统不同于常规定风量空调系统，不仅有一次风管还有二次风管，分支很多，分支管的漏风会严重影响变风量空调系统的运行。另外，若变风量空调系统采用冰蓄冷装置作为系统冷源，系统送风为低温送风系统，则较传统常温送风系统，其对送风管路的施工质量提出了更高的要求。因此，如何在一次和二次风管系统安装完毕，变风量末端箱连接完成后对整体系统进行漏风试验，现有规范和标准中还没有关于系统整体漏风试验的方法，可根据现场的实际情况，用红外热像仪对风管漏风进行检查。

　　针对风管的漏风问题，使用红外热像仪对风管进行了抽查。红外热像仪检查漏风的原理是：任何物体都会发射红外线辐射能量，红外热像仪可以侦测到来自物体的红外线能量并估计物体的温度。在空调夏季制冷或冬季制热工况下，空调风管漏风处的温度与周围风管温度不同，用红外热像仪就能侦测到风管的漏风处。

9.4.3.3　末端设备的检查

　　本节以变风量末端箱的检查为例，其余末端设备的检查方式可参考此例。变风量末端箱检查是指对变风量末端箱的风系统和水系统的施工质量、单机试运转的检查，是变风量末端箱功能和精度测试前的必要阶段。检查目的是保证变风量末端箱的施工质量能够满足规范和设计要求，保证其各部件满足使用要求。

9.5　联合调适与验收

　　建筑技术发展的一个重要标志，就是其集成度的提高。现代建筑的系统集成大多是通过楼宇自控系统（Building Automation System，BAS）来实现的。联合调适就是通过对楼宇自控系统的测试与验证，确保复杂程度不断提升的建筑系统之间的集成是可靠的、优化的。因此，联合调适的对象就是建筑的楼宇自控系统。在进行单机调适的时候，一般不要求楼宇自控系统的布线与安装完成。然而联合调适的一个前提是楼宇自控系统的安装以及安装商的测试已经完成。

　　前面我们已经提到过，联合调适包括三个方面的内容：独立系统集成、多系统集成以及季节性多系统集成。在进行这三个层面的联合调适时，我们通常采用两种方法：被动测试法（Passive Testing）与主动测试法（Active Testing）。被动测试法通过楼宇自控系统的数据自动记录功能，依据系统在实际运行中的表现发现系统存在的问题。这种方法是在系统日常运行状态下进行的，因此不会影响系统的正常使用。但是也造成了某些测试内容的触发条件需要等待较长的时间。被动测试的过程可以持续数月甚至建筑投入使用第一年一整年。因此，被动测试法通常用于测试多系统集成的季节性运行。独立系统与多系统集成通常采用主动测试法。主动测试法利用人为创造的触发条件来测试系统间的集成控制。在施工期间进行系统联合调适时，一般采用主动测试法。但是受客观条件的限制（比如气候、建筑内部无负荷），并不一定所有测试需要的触发条件都可以通过人为的创造。

本节将以变风量空调系统为例，讲述联合调适的一般方法与步骤。变风量中央空调系统的联合调适相较于常规中央空调（比如定风量系统或风机盘管加新风系统）的联合调适更为复杂，各个设备之间的相互影响也比较大，因此，在调适前需确定调适的具体方案，并确认满足调适的条件，即设备安装完毕、条件满足后方可进行。其他的系统，读者可以根据该思路，自行开发。

9.5.1　独立系统集成

在开始联合调适的时候，要同时开启风系统、水系统、制冷系统与供热系统。这与单机调适时的要求是不一样的。对某一功能组件进行单机调适时，我们不需要所有其他的系统处于运行状态。

9.5.1.1　制冷系统联合调适

制冷系统的联合调适包括以下几项内容：

1. 基本组件的起停顺序验证

制冷系统正确的起停顺序能保障其基本组件的安全运行，通常通过硬件连锁或软件程序来实现。制冷系统正确的启动顺序如下：

（1）冷却及冷冻水主管路上的自动控制阀门全开→冷却水泵、冷冻水泵开启→制冷机开启，且每一步间隔应不小于 1min。

（2）制冷系统正确的停止顺序与启动顺序正相反：制冷机停止→冷却水泵、冷冻水泵停止→主管路自控阀门关闭，且每一步间隔应不小于 1min。

需要通过现场观察确保正确的起停顺序得以实施。

2. 基本控制逻辑验证

（1）冷冻水供水温度控制回路验证

冷冻水的供水温度由制冷机自带的控制系统，通过对压缩机的加载与卸载来控制冷冻水温在要求的设定温度上。冷冻水温控制回路验证是要确定制冷机自带的控制系统能准确地将冷冻水温控制在要求的设定温度上，并且控制回路不振荡。

验证方法：在楼宇自控软件中控界面上改变冷冻水温设定温度，通过楼宇自控软件的数据自动记录与作图功能，观察冷冻水温的变化，是否能稳定在新的设定温度上。

（2）冷却水供水温度控制回路验证

冷却水供水温度由冷却塔风机的加载与卸载来控制，当采用变频器时，通过改变风机的转速来控制。冷却水温的控制回路是通过楼宇自控系统实现的，其验证是要确定该控制回路能准确控制冷却水温在要求的设定温度上，并且控制回路不振荡。

验证方法：在楼宇自控软件中控界面上改变冷却水温设定温度，通过楼宇自控软件的数据自动记录与作图功能，观察冷却水温的变化，是否能稳定在新的设定温度上。

3. 优化控制策略验证

在验证制冷系统的控制策略之前，首先要了解制冷系统的最佳实践控制策略，即目前在实践中可采用的最优的控制策略。通常，如果建筑调适是从设计阶段介入的，则在设计阶段的调适过程中，应该确保设计采用的控制策略应好于目前的最佳实践控制策略。因此，我们应首先了解制冷系统的最佳实践控制策略，然后才能在联合调适中验证这些控制策略是否正确地在系统上得以实施。当采用优于下述最佳实践控制策略的控制时，调适主管应该深入理解该控制策略，有针对性地制定相应的调适方法来验证。

（1）冷冻水温最佳实践控制策略

制冷机的效率随着冷冻水温的提高而提高。空调机组以及风机盘管中的换热器的大小是按照建筑的设计负荷选定的，在部分负荷下，这些换热器的换热面积都是过大的，因此为我们在部分负荷的条件下，提高冷冻水供水温度创造了条件。

（2）冷却水温最佳实践控制策略

对于冷却塔来说，风机运行的台数越多或者转速越快，冷却水的供水温度就会越低，此时风机的能耗就越高。对于制冷机来说，冷却水的供水温度越低，制冷机的能耗就越少，因此存在一个最优的冷却水供水温度，使得风机和制冷机的总能耗最低。

最佳实践控制策略：

根据式（1-10），按照室外空气湿球温度改变冷却水供水温度设定值。

$$T_{c,sp} = T_{wb} + (3 \sim 4)℃ \tag{9-11}$$

式中　$T_{c,sp}$——冷却水供水温度设定值，℃；

T_{wb}——室外空气湿球温度，℃。

（3）多台制冷机启停最佳实践控制策略

出于备份以及控制的需求，一个建筑中通常采用 2 台或更多的制冷机。由于制冷机的运行效率与其部分负荷率相关，因此如何加载和卸载这些制冷机将影响制冷系统的整体运行效率。多数制冷机的最高效率出现在负荷率 80%～90% 的范围内。对于变频制冷机，其最高效率一般出现在负荷率 40%～50% 的区间。

9.5.1.2 风系统联合调适

1. 基本组件的启停顺序验证

变风量空调机组的正确的启停顺序如下：

（1）先启动回风风机再启动送风风机，且两者时间间隔应不小于 1min。

（2）先停止送风风机再停止回风风机，且两者时间间隔应不小于 1min。

这样的风机启停顺序主要是为防止室外过冷或过热空气进入室内，尤其在冬天，如果先启动了送风风机，即使新风阀处于全关的状态，由于风机入口段较大的负压，会造成较大的新风泄漏，有可能触发自动防冻装置，从而自动停止送风风机，造成机组无法正常运转。

2. 基本控制逻辑验证

（1）空调机组冷、热水电动调节阀控制逻辑验证

空调机组冷热水调节阀自控逻辑验证的目的是验证空调机组表冷器、加热器上的冷、热水调节阀是否能根据送风温度来调节阀门的开度，而且其控制回路不振荡。

验证方法：由 2 名人员配合，一位在中控界面上更改相应功能的设定数值，并观察相关的其他数值是否发生相应的改变；另一位在现场观察实际控制的原件是否正确地进行了相应的操作。测试过程中应详细记录原始的设定值和更改的设定值，以及其他发生相应变化的数值。

（2）空气源节能器控制逻辑验证

空气源节能器控制逻辑验证的目的是确认新风电动调节风阀、回风电动调节风阀以及排风电动调节风阀能否一同协作调节新风与回风的比例，从而在合适的室外气候条件下，将两者混合到需要的送风温度设定值，而且其控制回路不振荡。

验证方法：关闭冷、热水电动调节阀控制回路，激活空气源节能器控制回路，根据实际的室外空气条件，提高或降低送风温度设定值，观察新风调节阀、回风调节阀以及排风调节阀的动作。当新风与回风的混风温度高于送风温度设定值时，新风调节阀和排风调节阀应该开始关小，回风调节阀应该相应开大；反之，当混风温度低于送风温度设定值时，新风调节阀和排风调节阀应该开始开大，而回风调节阀开始关小。

（3）送风风机变频控制逻辑验证

送风风机变频控制逻辑验证的目的是确认通过变频控制风机转速将风管的静压控制在设定值上，而且控制回路不振荡。

验证方法：在中控显示界面上，更改送风静压设定值，系统运行 10～20min 后观察风机频率是否发生相应的变化。例如，将设定值调小，则风机频率也应下

降。测试过程中应详细记录原始的设定值和更改的设定值，以及其他发生相应变化的数值。

3. 优化控制策略验证

（1）变送风温度控制策略

送风温度是空调机组最重要的控制参数之一。如果夏季工况送风温度过低，空调机组会额外增加其潜热负荷，而且由于末端最小风量的限制，可能造成室内温度过低，影响热舒适。如果送风温度过高，夏季工况下，在潮湿的气候下，室内湿度将无法满足舒适性要求，且风机能耗将增加。因此，变送风温度的优化控制策略的目的是在满足热舒适的前提下，将风机与冷源的综合能耗最小化。每个项目的运行条件不一样，因此其优化的变送风温度控制策略需要一个全面的技术分析来获得。如果条件不允许做那样一个彻底的技术分析，则可以采用如下根据工程实践总结的最佳控制策略。

（2）变静压控制策略

风机的运行取决于风机本身的性能曲线以及管路特性曲线。当风管内静压过高时，如果需要提供同样的风量，变风量末端箱的一次风阀需要关小，以消耗过多的静压，因此管路特性就会上升，由 SC_1 上升到 SC_2，也就是说，变风量系统的管路特性代表了不同的变风量末端箱一次风阀开度的总和。

（3）回风风机控制策略

在较大的变风量空调机组中，通常会安装回风风机。送风风机负责由新风入口到送风管末端的压力损失，回风风机负责回风管到排风口的压力损失。回风风机转速控制的目的是维持合理的送风和回风平衡，以确保空调区域相对室外保持一定的正压，通常在 20Pa 左右。

（4）新风量控制策略

新风量的摄入对建筑能耗和舒适性的影响很大，过多的摄入新风将增加系统的冷、热负荷，过少的话又无法保证室内的新风要求。对于使用空气源节能器的变风量空调机组来说，在空气源节能器运行期间，新风的摄入量一般会超过室内需要的新风量。新风量的控制主要是在夏季，要求机组提供最小新风量的时候。

（5）空气源节能器控制策略

当变风量空调机组对应的空调区域有较大的内区和内部负荷时，通常这些区域需要全年供冷，当室外空气温度较低时，空调机组可以利用室外空气作为冷源，为这些区域供冷，而不必启动制冷机。而空气源节能器就是通过调节机组的新风、回风以及排风风阀将室外空气与回风混合到机组要求的送风温度。

9.5.1.3　水系统联合调适

1. 水泵变频基本控制逻辑验证

该项测试的目的是验证水泵能否根据管网压力的变化情况实现变频运行。

2. 水系统管路变静压优化控制策略验证

水系统变静压控制策略与风系统变静压控制策略原理一样，都是通过改变静压设定值来改变管路特性曲线，从而降低水泵能耗。

9.5.2   多系统集成

多系统集成就是要验证以上系统之间的耦合是否和谐，整个系统运行是否可靠、优化。暖通空调系统外的建筑机械设备，也包括在这里面，比如可控遮阳设备、太阳能光热/光电系统、自动照明系统等等。举个例子，当建筑使用自动照明系统时，希望室内进入足够的阳光来减少照明能耗；然而，在空调季节，空调系统希望进入建筑的阳光越少越好，从而减少由太阳辐射产生的冷负荷。这时两个系统的集成就成了一个优化的问题，如何用适合工程应用的方法解决这个优化问题，成为多系统集成的难点。

对于变风量空调系统，多系统集成重点验证的内容为如下两个方面：

1. 空气源节能器与制冷机运行耦合性验证

空气源节能器与制冷机运行潜在的冲突通常发生在过渡季节，也就是室外空气焓值小于回风焓值，室外空气温度又高于机组送风温度设定值的时候，这个时候，空气源节能器与制冷机同时运行，空调机组的新风阀是全开的，当室外空气温度逐渐降低并接近送风温度的时候，由于新风冷负荷很小，制冷机有可能出现频繁启停的问题，这时，我们需要改变空气源节能器的控制策略，避免制冷机在低负荷时的频繁启停。

2. 集成控制耦合性验证

我们以变风量系统为例，讲述多系统集成控制的验证。在变风量空调系统中，每个独立系统中都有各自的控制参数，比如在风系统中，重要的控制参数包括风管静压、送风温度；在水系统中，包括冷冻水供回水压差等。在整个建筑的层面，这些独立系统的控制参数又是相互制约、相互影响的。比如空调机组送风温度，虽然直接控制送风温度的是冷水调节阀、热水调节阀或者空气源节能器，但是其他系统的控制策略也会间接地影响到送风温度的控制。比如冷冻水的变供回水压差控制策略，依据的是空调机组表冷器的冷水阀开度，如果供回水压差设定值不合理，则会造成送风温度无法维持在设定值。实际上，变供回水压差的最佳实践控制策略已经考虑了这一耦合关系，比如，当送风温度高于设定值时，冷水阀必然增大其开度，直到全开；而当冷水阀开度达到 90% 时，变供回水压差控制策略已经开始升高其设定值，从而提高水泵的转速，因此这类的耦合关系存在间接的反馈关系，但是这种间接反馈的效果是否达到，需要验证，比如控制周期选择得合适与否，直接影响着这种反馈关系的成败。再比如变冷冻水温度控制策略与变送风温度控制策略，如果变冷冻水温控制策略设定的冷冻水供水温度无法满足表冷器的要求，导致送风温度高于设定值，变冷冻水温控制策略是无法得到反馈信息的，因此通常在变冷冻水温控制策略中，加上送风温度的约束条件，因此我们要检验该约束条件是否被加入。

9.5.3　季节性多系统集成

由于工期的限制，施工阶段的调适任务通常要在一个季节中完成。因此，我们需要季节性调适来完成施工阶段无法完成的调适任务，这就是季节性多系统联合调适，其主要内容就是延续上述多系统联合调适无法完成的调适任务，尤其是施工阶段无法测试系统极端气候条件下的运行情况时，季节性多系统联合调适就更加的必要。在季节性多系统联合调适过程中，除了要验证系统在各个不同季节下的运行情况，更要确保供热系统在冬季极端气候条件下、空调系统在夏季极端气候条件下的运行性能。验证的项目以及验证的方法跟多系统集成调适一样，但更多的是采用被动测试法，利用楼宇自控软件的数据自动记录功能，收集相关运行参数的长期实测数据，然后进行分析，判断多系统集成是否可靠、优化。

9.5.4　联合调适注意事项

联合调适的注意事项总结如下：

（1）每一个独立系统是否采用了最佳实践控制策略，并且多系统间的集成控制没有逻辑错误。

（2）楼宇自控系统的设计满足将来数据自动记录功能的要求，并且软件与硬件的数据通信能力满足所要求的数据自动记录功能记录频率的要求，比如每5min记录100个点的数据，不会影响楼宇自控软件的控制功能。

（3）传感器的选型与精度满足控制的要求。

（4）系统运行调适到与实际建筑负荷相匹配而不是设计负荷。

（5）通过楼宇自控软件的数据自动记录功能，检验所有控制回路（Control Loop）的稳定性，避免控制回路振荡（要求数据采集频率不超过1min）。

（6）联合调适必须在所有的单机调适完成以后进行。

（7）在使用楼宇自控软件的数据自动记录功能时，要经常地检查数据的完成性，避免在调适的末期发现记录数据的缺失，而影响整个调适工作的工期。

9.6　系统调适培训

9.6.1　概述

培训是经验、知识转让和传递过程，使受训者获得新的理念、认识接受新的标准、行为以及态度。在完成空调系统联合调适之后、正式投入使用之前，调适团队应该对业主、物业管理团队进行培训。

目前国内空调系统在安装完成之后也会进行简单的培训，但内容较为单一，不是系统的培训。而调适管理要求对空调系统进行全面的系统的培训。Commisssiong 培训旨在帮助业主和物业管理团队建立建筑空调系统各部分的整体认识和理解，帮助业主完善过程资料和文件，建立完善、科学的运行管理体系，确保建筑空调投入使用之后正常、高效运行，满足使用要求，同时实现节能运行，降低运行成本。

9.6.2　空调系统运行管理

1. 运行管理目标

对于业主或物业管理企业来说，围绕空调系统运行管理开展的一切工作，都是为了使空调系统达到满足使用要求、延长使用寿命、降低运行成本这三个基本目标。即以最经济的费用换取最高的综合效能，实现最大的经济效益。

2. 运行管理方法

空调系统的运行管理环节主要包括设备操作、维护保养、计划检修、事故处理、技术资料管理、零配件的选购、系统改造等工作。

3. 运行管理制度

目前空调系统的使用效果、维护保养与运行费用等方面，有许多令人不满意的地方，其中大部分问题并非是设计、设备制造或施工等环节带来的，而是由于忽视运行管理工作重要性造成的。因此，要使中央空调系统既高效、又低能耗运行的同时还能延长使用寿命，就必须着重把握好科学的体系、完善的制度和可靠的执行这三个方面的工作。

制度是贯彻管理方针、达到管理目标、完成管理计划的重要保证。管理制度的完善程度，直接影响到管理质量。因此，完善管理制度是做好管理工作的先决条件。空调系统运行管理要能真正起到应有的作用，就必须有一套切实可行规章制度作保障。否则，空调系统也难以保障长期、稳定地发挥应有的效能。

空调系统的运行管理是物业管理的一个重要组成部分，既有与其他专业管理的共性内容，也有自己独到的地方。因此，除了有共性的管理制度可以借用外，还必须在物业管理的总原则基础上，结合空调系统运行管理的自身特点，因地制宜地制定出一套专业性的规章制度，为空调系统的运行管理服务。

4. 运行管理考评

空调系统管理工作的考核和评估，可参照建设部与国家质量监督检验检疫总局 2005 年颁布的《空调通风系统运行管理规范》，规范明确地制定了相关的评价指标，可予以参考。《空调通风系统运行管理规范》中从服务、管理、节能状况、卫生以及系统安全运行状况五个方面对运行管理质量进行了评价。

9.6.3 低成本/无成本节能运行策略

低成本/无成本节能运行策略如下：

（1）重设冷机出水温度。重设冷机出水温度需要使用设定温度点的室外温度和出水温度关系图，用这些资料对建筑自控系统进行编程，使之能够根据室外温度、时间、季节和（或）建筑负荷，来自动设定出水温度。如果建筑自控系统不能调整出水温度，可以考虑制订人工进行控制的计划。

（2）保持建筑微正压运行。很多建筑处于负压状态下运行，这可能导致不需要的室外空气通过门窗和缝隙渗入楼内，这些渗入的空气未经过过滤或温湿度调节处理，会对室内温度和湿度造成影响，为维持室内温度和湿度的设定点，就需要机组额外地供热或制冷，增加机组负荷。建筑中经常可以看到由于潮湿的空气进入室内，在墙上凝结，并导致霉菌滋生等问题。大厦处于负压状态的迹象包括：大门关闭不严、门口气流过快、室内有湿气凝结等。楼层越高的大楼，越容易出现烟囱效应（由于热空气上升，高层建筑内的气流上升并经由顶层的开口处逸出）。有上述情况出现，就说明该建筑很可能处于负压状态。

（3）杜绝过度照明，调节照明时间。几乎所有的被调研的公共建筑的室内照明均高于所需的照明亮度，将照明强度降低到保证员工有效、舒适工作所需的实际水平，这样既可节约能源开支，又可提高视觉舒适度。

（4）优化车库排风系统。人工测量 CO 浓度、控制排风扇的运行；采用 CO 传感器，由专人手动控制排风扇的运行；将 CO 传感器与楼宇自动控制系统相连，自动控制风扇运行。

（5）清洁 HVAC 盘管和过滤网。参与调研的绝大部分建筑没有定期清洗制热和制冷盘管和过滤网的时间表，盘管和过滤网的维护尤为关键，因为它们是建筑物机械系统与其所影响的环境最直接的交互点，定期清除过滤网和加热/制冷盘管上的灰尘和污渍，对于最大限度地提高加热/制冷效率来说至关重要。

（6）重视建筑能耗数据的处理。收集、展示并分析数据，对数据进行记录能够显示一段时间内能源使用情况的变化，即可以知道初始点和基准线；能够掌握采取改进措施后的降低的成本、使用和需要情况；还可以由非预期的变化突出需要立即解决的问题。通常，电表账单是开始追踪记录能源使用情况唯一所需的数据。对数据进行收集、展示并分析的好处有很多：首先能够在早期发现运行中出现的问题；其次能够精确地计算节能量和节省的成本；最后可以清晰直观地向建筑业主、住户和潜在住户等展示节能成果。

（7）优化设备运行。优化设备使用时间即严格控制设备运行时间，在部分使用期间（例如夜间和周末），管理人员可以采取以下措施来控制设备运行时间：

要求住户提出非工作时间服务的需求；住户同意为非工作时间服务支付额外费用；重新调整空间，调高对部分入住和易变化入住部分的控制。

（8）充分利用夜间预冷。充分利用夜间预冷可以在一定程度上减少冷却能耗，可以大大降低能源使用费用，要求的大气温度仅需比所需室内温度低几度即可，而且在同时可以降低设施启动时的电力需求高峰。

（9）利用免费冷却。当室外空气温度低于内部设定点温度，开启室外空气风阀，具体做法是在 BAS 系统中增加节能器算法，能够启动风扇，打开空气风阀，或者制订人工测量室内、室外工况，适时打开空气风阀或启动风扇的计划。这样也可以有效地降低能源成本，达到节能的目的。

9.6.4　空调系统诊断技术

空调系统投入使用后可能出现不同程度，或区域性，或普遍性的问题，如空调区域间过冷、过热、冷热不均、空气品质差、房间噪声偏大、部分控制功能失效、空调设备无法正常运行、报警失灵、系统漏水等，这些问题统称为故障。利用检查、检测、施工安装和运行记录核查及分析、模拟等各种手段找出出现故障的系统、设备或部件，并运用专业理论知识和经验分析找出故障原因，并提出科学、可行解决方案的过程称为故障诊断。

目前单体建筑规模越来越大、建筑功能趋于复杂化，对机电系统配置和控制要求也越来越高，又由于我国对设计、施工、调适等环节缺乏有效的监管手段，造成建筑各系统应用效果达不到设计要求、甚至系统无法运行，机电系统故障诊断是解决此类问题的重要且必需的手段。

中央空调系统的故障按其性质可分为两类：一是设备故障，一是系统故障。故障既有全局性，也有仅造成局部影响的故障，它们对整个空调系统运行的影响程度也各有不同。设备故障主要是指设备及装置器件故障，如风机突然停机、皮带断裂、阀门完全堵塞等。由故障发生的时间、性质来看，这类故障为突发性故障，影响较大，因此比较容易检测、发现。系统故障是指由于设备装置性能下降或失灵所引起的故障，例如风机盘管的结垢（盘管逐渐堵塞）、阀门关闭时的泄露、仪器仪表的漂移等。系统故障一般是渐进性的，初期表现出的征兆不明显，往往难以被查到，只有当累积到一定程度才能很明显地显现出来。事实上，渐进性故障是由于系统参数的逐步恶化而产生的，从某种意义上讲，系统故障的危害比设备故障更大。因此，这种故障若能通过状态监控，科学合理地诊断并在早期进行预防，具有更重大的现实意义。

第 10 章　机电系统优化运行维护技术研究

10.1　暖通空调系统

10.1.1　日常运行维护

暖通空调系统的运行维护工作非常重要，由于对运行维护的认识不足，有些项目对空调系统运行维护工作不够重视，造成暖通系统存在以下一些问题：

（1）空调效果不理想，房间的温湿度不能保证在设计或控制的范围内，新风没有或少于最低要求，风量过大或不足，送风温度和出口风速不合适等。

（2）运行费用高，电费或燃料费及日常维护保养费开支大。

（3）事故和故障多，事故和故障频繁发生，跑、冒、滴、漏现象严重。

（4）设备使用寿命短，不到规定期限就要对设备进行维修，或不到正常的折旧年限设备就不能继续使用，需要更新。

（5）系统运行不正常，系统不能按设计要求运行和调节，设备达不到最佳运行状态，各项运行参数不能满足规定要求等。

10.1.1.1　冷站的运行维护

冷却塔组成构件多，工作环境差，因此检查、维护内容也相应较多，而且除了一般维护保养外，还要做好保证冷却效能的清洁工作，为了节能及延长使用寿命还应做好运行调节工作。

1. 检查工作

（1）启动前的检查与准备工作

当冷却塔停用时间较长，准备重新使用前（如在冬、春季不用，夏季又开始使用），或是在全面检修、清洗后重新投入使用前，必须要做的检查与准备工作内容如下：

1）由于冷却塔均由出厂散件现场组装而成，因此要检查所有连接螺栓的螺母是否有松动。特别是风机系统部分要重点检查，以免因螺栓的螺母松动，在运行时造成重大事故。

2）由于冷却塔均放置在室外暴露场所，而且出风口和进风口都很大，有的加设了防护网，但网眼仍很大，难免会有树叶、废纸、塑料袋等杂物在停机时从进、出风口进入冷却塔内，因此要予以清除。如不清除会严重影响冷却塔的散热效率，如果杂物堵住出水管口的过滤网，还会威胁到制冷机的正常工作。

3）如果使用皮带减速装置，要检查皮带的松紧是否合适，几根皮带的松紧程度是否相同。如果不相同则换成相同的，以免影响风机转速，加速过紧皮带的损坏。

4）如果使用齿轮减速装置，要检查齿轮箱内润滑油是否充满到规定的油位。如果油不够，要补加到位。但要注意，补加的应是同型号的润滑油，严禁不同型号的润滑油混合使用，以免影响润滑效果。

5）检查集水盘（槽）是否漏水，各手动水阀是否开关灵活并设置在要求的位置上。集水盘（槽）有漏水时应补漏，水阀有问题要修理或更换。

6）拨动风机叶片，看其旋转是否灵活，有没有与其他物件相碰撞，有问题要马上解决。

7）检查风机叶片尖与塔体内壁的间隙，该间隙要均匀合适，其值不宜大于$0.008D$（D 为风机直径）。

8）检查圆形塔布水装置的布水管管端与塔体的间隙，该间隙以 20mm 为宜，而布水管的管底与填料的间隙则不宜小于 50mm。

9）开启手动补水管的阀门，与自动补水管一起将冷却塔集水盘（槽）中的水尽量注满（达到最高水位），以备冷却塔填料由干燥状态到正常润湿工作状态要多耗水量之用。而自动浮球阀的动作水位则调整到低于集水盘（槽）上沿边25mm（或溢流管口 20mm）处，或按集水盘（槽）的容积为冷却水总流量的1%～1.5%来确定最低补水水位，在此水位时能自动控制补水。

（2）启动检查工作

启动检查工作是启动前检查与准备工作的延续，因为有些检查内容必须"动"起来了才能看出是否有问题，其主要检查内容如下：

1）点动风机，看其叶片是否俯视时是顺时针转动，而风是由下向上（天）吹，如果方向相反需要调过来。

2）短时间启动水泵，看圆形塔的布水装置（又叫配水装置、洒水装置或散水装置）是否俯视时是顺时针转动，转速是否在对应冷却水量的数字范围内。如果不在相应范围则应调整，因为转速过快会降低转头的寿命，而转速过慢又会导致洒水不均匀，影响散热效果。布水管上出水孔与垂直面的角度是影响布水装置转速的主要原因之一，通常该角度为 5°～10°，通过调整该角度即可改变转速。此外，出水孔的水量（速度）大小也会影响转速，在出水角度一定的条件下，根据作用与反作用原理，出水量（速度）大，则反作用力就大，因而转速就高，反之转速就低。

3）通过短时间启动水泵，可以检查出水泵的出水管部分是否充满了水，如果没有，则可连续几次间断地短时间启动水泵，以赶出空气，让水充满出水管。

4）短时间启动水泵时还要注意检查集水盘（槽）内的水是否会出现抽干现象。因为冷却塔在间断了一段时间再使用时，洒水装置流出的水首先要使填料润湿，使水层达到一定厚度后，才能汇流到塔底部的集水盘（槽）。在下面水陆续被抽走，上面水还未落下来的短时间内，集水盘（槽）中的水不能干，以保证水泵不发生空吸现象。

5）通电检查供回水管上的电磁阀动作是否正常，如果不正常要修理或更换。

（3）运行检查工作

运行检查工作的内容，既是启动前和启动检查工作的延续，也可以作为冷却塔日常运行维护检查，其主要检查内容如下：

1）圆形塔布水装置的转速是否稳定、均匀。如果不稳定，可能是管道内有空气存在而使水量供应产生变化所致，为此，要设法排除空气。

2）圆形塔布水装置的转速是否减慢或是否有部分出水孔不出水。这种现象可能是因为管内有污垢或微生物附着而减少了水的流量或堵塞了出水孔所致，此时就要做清洁工作。

3）浮球阀开关是否灵敏，集水盘（槽）中的水位是否合适。如果有问题要及时调整或修理浮球阀。

4）对于矩形塔，要经常检查配水槽（又叫散水槽）内是否有杂物堵塞散水孔，如果有堵塞现象要及时清除。槽内积水深度宜不小于 50mm。

5）塔内各部位是否有污垢形成或微生物繁殖，特别是填料和集水盘（槽）里，如果有污垢或微生物附着要分析原因，并相应做好水质处理和清洁工作。

6）注意倾听冷却塔工作时的声音，是否有异常噪声和振动声。如果有则要迅速查明原因，消除隐患。

7）检查布水装置、各管道的连接部位、阀门是否漏水。如果有漏水现象要查明原因，采取相应措施堵漏。

8）对使用齿轮减速装置的，要注意齿轮箱是否漏油。如果有漏油现象要查明原因，采取相应措施堵漏。

9）注意检查风机轴承的温升情况，一般不大于 35℃，最高温度低于 70℃。温升过大或温度高于 70℃时要迅速查明原因予以降低。

10）查看有无明显的飘水现象，如果有要及时查明原因予以消除。

2. 维护保养

为了使冷却塔能安全正常地使用尽量长一些时间，除了做好上述检查工作和清洁工作外，还需定期做好以下几项维护保养工作。

（1）对使用皮带减速装置的，每 2 周停机检查 1 次皮带的松紧度，不合适时要调整。如果几根皮带松紧程度不同则要全套更换；如果冷却塔长时间不运行，则最好将皮带取下来保存。

（2）对使用齿轮减速装置的，每 1 个月停机检查 1 次齿轮箱中的油位。油量不够时要补加到位。此外，冷却塔每运行 6 个月要检查 1 次油的颜色和黏度，达不到要求必须全部更换。当冷却塔累计使用 5000h 后，不论油质情况如何，都必须对齿轮箱做彻底清洗，并更换润滑油。齿轮减速装置采用的润滑油一般多为 30 号或 40 号机械油。

（3）由于冷却塔风机的电机长期在湿热环境下工作，为了保证其绝缘性能，不发生电机烧毁事故，每年必须做 1 次电机绝缘情况测试。如果达不到要求，要及时处理或更换电机。

（4）要注意检查填料是否有损坏，如果有要及时修补或更换。

（5）风机系统所有轴承的润滑脂一般 1 年更换 1 次。

（6）当采用化学药剂进行水处理时，要注意风机叶片的腐蚀问题。为了减缓腐蚀，应每年清除 1 次叶片上的腐蚀物，均匀涂刷防锈漆和酚醛漆各 1 道。或者在叶片上涂刷 1 层 0.2mm 厚的环氧树脂，其防腐性能一般可维持 2～3 年。

（7）在冬季冷却塔停止使用期间，有可能因积雪而使风机叶片变形，这时可以采取两种办法避免：一是停机后将叶片旋转到垂直于地面的角度紧固；二是将叶片或连轮毂一起拆下放到室内保存。

（8）在冬季冷却塔停止使用期间，有可能发生冰冻现象时，要将冷却塔集水盘（槽）和室外部分的冷却水系统中的水全部放光，以免冻坏设备和管道。

（9）冷却塔的支架、风机系统的结构架以及爬梯通常采用镀锌钢件，一般不需要油漆。如果发现生锈，再进行去锈刷漆工作。

3. 清洁工作

冷却塔的清洁工作，特别是其内部和布水装置的定期清洁工作，是冷却塔能否正常发挥冷却效能的基本保证，不能忽视。

（1）外壳的清洁

目前常用的圆形和矩形冷却塔，包括那些在出风口和进风口加装了消声装置的冷却塔，其外壳都是采用玻璃钢或高级 PVC 材料制成，能抗太阳紫外线和化学物质的侵蚀，密实耐久，不易褪色，表面光亮，不需另刷油漆作保护层。因此，当其外观不洁时，只需用水或清洁剂清洗即可恢复光亮。

（2）填料的清洁

填料作为空气与水在冷却塔内进行充分热湿交换的媒介体，通常是由高级 PVC 材料加工而成，属于塑料一类，很容易清洁。当发现其有污垢或微生物附着时，用水或清洁剂加压冲洗或从塔中拆出分片刷洗即可恢复原貌。

（3）集水盘（槽）的清洁

集水盘（槽）中有污垢或微生物积存最容易发现，采用刷洗的方法就可以很快使其干净。但要注意的是，清洗前要堵住冷却塔的出水口，清洗时打开排水阀，让清洗的脏水从排水口排出，避免清洗时的脏水进入冷却水回水管。在清洗布水装置、配水槽、填料时都要如此操作。此外，不能忽视在集水盘（槽）的出水口处加设一个过滤网的好处，在这里设过滤网可以挡住大块杂物（如树叶、纸屑、填料碎片等）随水流进入冷却水回水管道系统，清洗起来方便、容易，可以大大减轻水泵入口水过滤器的负担，减少其拆卸清洗的次数。

（4）圆形塔布水装置的清洁

对圆形塔布水装置的清洁工作，重点应放在有众多出水孔的几根支管上，要把支管从旋转头上拆卸下来仔细清洗。

（5）矩形塔配水槽的清洁

当矩形塔的配水槽需要清洁时，采用刷洗的方法即可。

（6）吸声垫的清洁

由于吸声垫是疏松纤维型的，长期浸泡在集水盘中，很容易附着污物，需用清洁剂配合高压水冲洗。

上述各部分的清洁工作，除了外壳可以不停机清洁外，其他都要停机后才能进行。

4. 运行调节

（1）调节冷却塔运行台数

当冷却塔为多台并联配置时，不论每台冷却塔的容量大小是否有差异，都可以通过开启同时运行的冷却塔台数，来适应冷却水量和回水温度的变化要求。用人工控制的方法来达到这个目的有一定难度，需要结合实际，摸索出控制规律。

（2）调节冷却塔风机运行台数

当所使用的是一塔多风机配置的矩形塔时，可以通过调节同时工作的风机台数来改变进行热湿交换的通风量，在循环水量保持不变的情况下调节回水温度。

（3）调节冷却塔风机转速（通风量）

采用变频技术或其他电机调速技术，通过改变电机的转速进而改变风机的转速使冷却塔的通风量改变，在循环水量不变的情况下达到控制回水温度的目的。当室外气温比较低，空气又比较干燥时，还可以停止冷却塔风机的运转，利用空气与水的自然热湿交换来达到冷却水降温的要求。

10.1.1.2　循环水泵运行维护

1. 检查工作

（1）启动前的检查与准备工作

当水泵停用时间较长，或是在检修及解体清洗后准备投入使用时，必须要在开机前做好以下检查与准备工作：

1）水泵轴承的润滑油充足、良好。

2）水泵及电机的地脚螺栓与联轴器（又叫靠背轮）螺栓无脱落或松动。

3）水泵及进水管全部充满了水，当从手动放气阀放出的水没有气时即可认定。如果能将出水管也充满水，则更有利于一次开机成功。在充水的过程中，要注意排放空气。

4）轴封不漏水或为滴水状（但每分钟的滴数符合要求）。如果漏水或滴数过多，要查明原因改进到符合要求。

5）关闭好出水管的阀门，以有利于水泵的启动，如装有电磁阀，则手动阀应是开启的，电磁阀为关闭的。同时要检查电磁阀的开关是否动作正确、可靠。

6）对卧式泵，要用手盘动联轴器，观察水泵叶轮是否能转动，如果不转动，要查明原因，消除隐患。

（2）启动检查工作

启动检查工作是启动前停机状态检查工作的延续，因为有些问题只有水泵"转"起来才能发现，不转是发现不了的。例如泵轴（叶轮）的旋转方向就要通过点动电机来观察泵轴的旋转方向是否正确，转动是否灵活。以 IS 型水泵为例，正确的旋转方向为从电机端往泵方向看泵轴（叶轮）是顺时针方向旋转。如果旋转方向相反要改过来；转动不灵活要查找原因，使其变灵活。

（3）运行检查工作

水泵有些问题或故障在停机状态或短时间运行时是不会出现或产生的，必须运行较长时间才能出现或产生。因此，运行检查工作是检查工作中不可缺少的一个重要环节。同时，这种检查的内容也是水泵日常运行时需要运行值班人员经常关照的常规检查项目，应给予充分重视。

1）电机不能有过高的温升，无异味产生。

2）轴承温度不得超过周围环境温度（35～40℃），轴承的极限最高温度不得高于 80℃。

3）轴封处（除规定要滴水的型式外）、管接头均无漏水现象。

4）无异常噪声和振动。

5）地脚螺栓和其他各连接螺栓的螺母无松动。

6）基础台下的减振装置受力均匀，进出水管处的软接头无明显变形，都起到了减振和隔振作用。

7）电流在正常范围内。

8）压力表指示正常且稳定，无剧烈抖动。

2. 维护保养

为了使水泵能安全、正常地运行，为整个中央空调系统的正常运行提供基本保证，除了要做好其启动前、启动以及运行中的检查工作，保证水泵有一个良好的工作状态，发现问题能及时解决，出现故障能及时排除以外，还需要定期做好以下几方面的维护保养工作。

（1）加油

轴承采用润滑油润滑的，在水泵使用期间，每天都要观察油位是否在油镜标识范围内。油不够就要通过注油杯加油，并且要 1 年清洗换油 1 次。

（2）更换轴封

由于填料用一段时间就会磨损，当发现漏水或漏水滴数超标时就要考虑是否需要压紧或更换轴封。对于采用普通填料的轴封，泄漏量一般不得大于 $30 \sim 60 \text{mL/h}$，而机械密封的泄漏量则一般不得大于 10mL/h。

（3）解体检修

一般每年应对水泵进行 1 次解体检修，内容包括清洗和检查。清洗主要是刮去叶轮内外表面的水垢，特别是叶轮流道内的水垢要清除干净，因为它对水泵的流量和效率影响很大。此外还要注意清洗泵壳的内表面以及轴承。在清洗过程中，对水泵的各个部件顺便进行详细认真的检查，以便确定是否需要修理或更换，特别是叶轮、密封环、轴承、填料等部件要重点检查。

（4）除锈刷漆

水泵在使用时，通常都处于潮湿的空气环境中，有些没有进行保温处理的冷冻水泵，在运行时泵体表面更是被水覆盖（结露所致），长期这样，泵体的部分表面就会生锈。为此，每年应对没有进行保温处理的冷冻水泵泵体表面进行 1 次除锈刷漆作业。

（5）放水防冻

水泵停用期间，如果环境温度低于 0℃，就要将泵内的水全部放干净，以免水的胀作用胀裂泵体。特别是安装在室外工作的水泵（包括水管），尤其不能忽视。如果不注意这方面的工作，会带来重大损坏。

3. 运行调节

水泵的日常运行调节中应注意两个问题，一是在出水管阀门关闭的情况下，水泵的连续运转时间不宜超过 3min，以免水温升高导致水泵零部件的损坏；二是当水泵长时间运行时应尽量保证其在铭牌规定的流量和扬程附近工作，使水泵在高效率区运行（水泵变速运行时也要注意这一点），以获得最大的节能效果。水泵基本调节方式中有：（1）水泵转数调节；（2）并联水泵台数调节；（3）并联水泵台数与转数的组合调节。根据系统配置和运行需求对循环水泵进行调节运行。

10.1.1.3　冷水机组的运行维护

冷水机组是中央空调系统在进行供冷运行时采用最多的冷源，其机械状态和供冷能力直接影响到中央空调系统供冷运行的质量，以及电耗和维修费用的开支，因此做好冷水机组运行维护的各项工作意义重大。

1. 离心式机组日常开机前的检查与准备工作

（1）检查油位和油温。油箱中的油位必须达到或超过低位视镜，油温为 $60\sim63℃$。

（2）检查导叶控制位。确认导叶的控制旋钮是在"自动"位置上，而导叶的指示是关闭的。

（3）检查油泵开关。确认油泵开关是在"自动"位置上，如果是在"开"的位置，机组将不能启动。

（4）检查抽气回收开关。确认抽气回收开关设置在"定时"上。

（5）检查各阀门。机组各有关阀门的开、关或阀位应在规定位置。

（6）检查冷冻水供水温度设定值。冷冻水供水温度设定值通常为 7℃，不符合要求可以进行调节，但不是特别需要最好不要随意改变该值。

（7）检查制冷剂压力。制冷剂的高低压显示值应在正常停机范围内。

（8）检查主电机电流限制设定值。通常主电机（即压缩机电机）最大负荷的电流限制应设定在 100％位置，除特殊情况下要求以低百分比电流限制机组运行外，不得任意改变设定值。

（9）检查电压和供电状态。三相电压均在 $380\pm10V$ 范围内，冷水机组、水泵、冷却塔的电源开关、隔离开关、控制开关均在正常供电状态。

（10）如果是因为故障原因而停机维修的，在故障排除后要将因维修需要而关闭的阀门打开。

完成上述各项检查与准备工作后，再接着做日常开机前的检查与准备工作。当全部检查与准备工作完成后，合上所有的隔离开关即可进入冷水机组及其水系统的启动操作阶段。

2. 螺杆式机组日常开机前的检查与准备工作

（1）启动冷冻水泵。

（2）把冷水机组的三位开关拨到"等待/复位"的位置，此时，如果冷冻水通过蒸发器的流量符合要求，则冷冻水流量的状态指示灯亮。

（3）确认滑阀控制开关是设在"自动"的位置上。

（4）检查冷冻水供水温度的设定值，如有需要可改变此设定值。

（5）检查主电机电流极限设定值，如有需要可改变此设定值。

3. 运行参数检查分析

空调用冷水机组，不论其压缩机类型为离心式、螺杆式还是活塞式，为满足空调工况的要求，均应具有相同的运行参数。弄清这些运行参数的特点及其规律性，对于冷水机组的安全、经济和无故障运行都有重要意义。

（1）蒸发压力与蒸发温度

蒸发器内制冷剂具有的压力和温度，是制冷剂的饱和压力和饱和温度，可以通过设置在蒸发器上的相应仪器或仪表测出。这两个参数中，测得其中一个，可以通过相应制冷剂的热力性质表查到另外一个。当这两个参数都能检测到，但与查表值不相同时，有可能是制冷剂中混入了过多的杂质或传感器及仪表损坏。

蒸发压力、蒸发温度与冷冻水带入蒸发器的热量有密切关系。空调冷负荷大时，蒸发器冷冻水的回水温度升高，引起蒸发温度升高，对应的蒸发压力也升高。相反，当空调冷负荷减少时，冷冻水回水温度降低，其蒸发温度和蒸发压力均降低。实际运行中，空调房间的冷负荷是经常变化的，为了使冷水机组的工作性能适应这种变化，一般采用自动控制装置对冷水机组实行能量调节，来维持蒸发器内的压力和温度相对稳定在一个很小的波动范围内。蒸发器内压力和温度波动范围的大小，完全取决于空调冷负荷变化的频率和机组本身的自控调节性能。一般情况下，冷水机组的制冷量必须略大于其负担的空调设计冷负荷量，否则将无法在运行中得到满意的空调效果。

根据我国《蒸气压缩循环冷水（热泵）机组　第 1 部分：工业或商业及类似用途的冷水（热泵）机组》GB/T 18430.1 的规定，水冷式机组制冷时的名义工况为冷冻水出口水温 7℃，冷却水进口水温 30℃。其他相应的参数为冷冻水流量 $0.172m^3/(h \cdot kW)$，冷却水流量 $0.215m^3(h \cdot kW)$。冷水机组在出厂时，若订货方不作特殊要求，冷水机组的自动控制及保护元器件的整定值将使冷水机组保持在名义工况下运行。由于提高冷冻水的出水温度对冷水机组的经济性十分有利，运行中在满足空调使用要求的情况下，应尽可能提高冷冻水出水温度。

一般情况下，蒸发温度常控制在 3~5℃ 的范围内，较冷冻水出水温度低 2~4℃。过高的蒸发温度往往难以达到所要求的空调效果，而过低的蒸发温度，不但增加冷水机组的能量消耗，还容易造成蒸发管道冻裂。蒸发温度与冷冻水出水温度之差随蒸发器冷负荷的增减而分别增大或减小。在同样负荷情况下，温差增大则传热系数减小。此外，该温度差大小还与传热面积有关，而且管内的污垢情况和管外润滑油的积聚情况对其也有一定影响。为了减小温差，增强传热效果，要做到定期清除蒸发器水管内的污垢，积极采取措施将润滑油引回到油箱中去。

（2）油压差、油温与油位高度

润滑油系统是冷水机组正常运行不可缺少的部分，它为机组的运动部件提供润滑和冷却条件，离心式、螺杆式和部分活塞式冷水机组还需要利用润滑油来控制能量调节装置或抽气回收装置。从各种冷水机组润滑系统的组成特点看，除活塞式机组将润滑油贮存在压缩机曲轴箱内依附于制冷系统外，离心式和螺杆式机组都有独立的润滑油系统，有自己的油贮存器，还有专门用于降低油温的油冷却器。

油压差。油压差是润滑油在油泵的驱动下，在油系统管道中流到各工作部位所需克服流动阻力的保障。没有足够的油压差，就不能保证系统有足够的润滑和冷却油量以及驱动能量调节装置时所需要的动力。所以，机组油系统的油压差必须保证在合理的范围，以便于机组运动部件得到充分润滑和冷却，灵活地操纵能量调节装置。

油温。油温即机组工作时润滑油的温度。油温的高低对润滑油黏度会产生重要影响。油温太低则油黏度增大，流动性降低，不易形成均匀的油膜，难以达到预期的润滑效果，而且还会引起油的流动速度降低，使润滑量减少，油泵的功耗增大；如油温太高，油黏度就会下降，油膜不易达到一定的厚度，使运动部件难以承受必需的工作压力，造成润滑状况恶化，易造成运动部件磨损。因此，合理的润滑油温度对各种类型的冷水机组来说都十分必要。此外，油温对润滑油中制冷剂溶入量的影响也是不可忽视的。在压力一定的情况下，润滑油对制冷剂的溶解度随油温的上升而减少，保持一定的油温可以减少润滑油中制冷剂的含量，对压缩机安全、顺利地启动有良好作用。因此，冷水机组启动操作规程通常规定，在机组启动前必须对机组中的润滑油进行不少于 24h 的加热，有的冷水机组（特别是 R11 离心式冷水机组）甚至在停机不使用的时间里，对润滑油的加热也不能停止。

油位高度。油位高度是指润滑油在油贮存容器中的液面高度。各种冷水机组的贮油容器均设置有油位显示装置，一般规定贮油容器内的油位高度应位于视镜中央水平线上下 5mm。规定油位高度的目的是为了保证油泵在工作时，形成油循环所需要的油量足够。油位过低易造成油泵失油，从而引起运行故障或损坏事故。因此，必须在油位过低时及时向润滑系统内补充相同牌号的润滑油，使油箱内的油位高度达到规定的高度。

（3）主电机运行电流与电压

主电机在运行中，依靠输给一定的电流和规定的电压，来保证压缩机运行所需要的功率。一般主电机要求的额定供电电压为 400V、三相、50Hz，供电的平均相电压不稳定率小于 2%。实际运行中，主电机的运行电流在冷水机组冷冻水和冷却水进出水温度不变的情况下，随能量调节中的制冷量大小而增加或减少。活塞式冷水机组投入运行的压缩机台数或气缸数多少、离心式冷水机组导叶片开度的大小，都会影响到运行电流的大小。但当冷冻水或冷却水进出水温度变化时，就很难做出正确判断。如某离心式冷水机组在冷冻水回水温度为 12℃、供水温度为 7℃、导叶片开度为 45% 与冷冻水回水温度为 14℃、供水温度为 9℃、导叶片开度仅为 35% 两种工况时，由于运行参数完全不同，不具备可比条件，很难直接得出哪种工况下主电机负荷较重的结论。但是，通过安装在机组开关柜上的电流表读数可以反映出上述两种工况下的差别：凡运行电流值大的，主电机负荷就重，反之负荷就轻。通过对冷水机组运行电流和电压参数的记录，可以得出主电机在各种情况下消耗的功率大小。

电流值是一个随电机负荷变化而变化的重要参数。冷水机组运行时应注意经常与总配电室的电流表作比较。同时应注意指针的摆动（因平常难免有些小的摆动）。正常情况下因三相电源的相不平衡或电压变化，会使电流表指针作周期性或不规则的大幅度摆动。

在压缩机负荷变化时，也会引起这种现象发生，运行中必须注意加强监视，保持电流、电压值的正常状态。

4. 年度停机维护保养

离心式冷水机组在年度停机时，应在以下各个方面做好相关维护保养工作。

（1）清洁控制柜。

（2）检查各接线端子并加强紧固。

（3）清理各接触器触点。

（4）紧固各接线点螺丝。

（5）测量主电机绝缘电阻，检查其是否符合机组规定的数值。

（6）检查电源交流电压和直流电压是否正常。

（7）校准各电流表和电压表。

（8）校正压力传感器。

（9）查测温探头。

（10）检查各安全保护装置的整定值是否符合规定要求。

（11）清洁浮球阀室内部过滤网及阀体，手动浮球阀各组件，看其动作是否灵活轻巧，检查过滤网和盖板垫片，有破损要更换。

（12）手动检查导叶开度是否与控制指示同步，并处于全关闭位置；传动构件连接是否牢固。

（13）不论是否已用化学方法清洗，每年都必须采用机械方法清洗 1 次冷凝器中的水管。

（14）由于蒸发器通常是冷冻水闭式循环系统的一部分，一般每 3 年清洗 1 次其中的水管即可。

（15）更换油过滤芯、油过滤网。

（16）根据油质情况，决定是否更换新冷冻油。

（17）更换干燥过滤器。

（18）对制冷系统进行抽真空、加氮气保压、检漏。

（19）停机期间，要求每周 1 次手动操作油泵运行 10min。对于 R11 和 R123 的机组还要每 2 周运行抽气回收装置 30min 和 2h，防止空气和不凝性气体在机组中聚积。

（20）在停机过冬时，如果有可能发生水冻结的情况，则要将冷凝器和蒸发器中的水全部排空。

（21）给 R11 机组的抽气回收装置换油，清洗其冷凝器。

（22）如果是 R11 机组需长期停机，应放空机组内的制冷剂和润滑油，并充注 0.03～0.05MPa（表压）的氮气，关闭电源开关和油加热器。

10.1.1.4　水系统的运行维护

水管系统的运行管理主要是做好各种水管、阀门、水过滤器、膨胀水箱以及支承构件的巡检与维护保养工作。

1. 水管维护

空调水管按其用途不同可分为冷冻水管、热水管、冷却水管、凝结水管四类，由于各自的用途和工作条件不一样，维护保养的内容和侧重点也有所不同。但对管道支吊架和管卡的防锈要求是相同的，要根据情况除锈刷漆。

（1）冷冻水管和热水管维护

当空调水系统为四管制时，冷冻水管和热水管分别为单独的管道；当空调水系统为两管制时，冷冻水管则与热水管同为一根管道。但不论空调水系统为几管制，冷冻水管和热水管均为有压管道，而且全部要用保温层（准确称呼应为绝热层）包裹起来。日常维护保养的主要任务一是保证保温层和表面防潮层不能有破损或脱落，防止发生管道方面的冷热损失和结露滴水现象；二是保证管道内没有空气，水能正常输送到各个换热盘管，防止有的盘管无水或气加水通过而影响处理空气的质量。为此要注意检查管道系统中的自动排气阀是否动作正常，如动作不灵要及时处理。

（2）冷却水管维护

冷却水管是裸管，也是有压管道，与冷却塔相连接的供回水管有一部分暴露在室外。由于目前都是使用镀锌钢管，各方面性能都比较好，管外表一般也不用刷防锈漆，因此日常不需要额外的维护保养。冷却水一般都要使用化学药剂进行水处理，使用时间长了，难免伤及管壁，要注意监控管道的腐蚀问题。在冬季有可能结冰的地区，室外管道部分要采取防冻措施。

（3）凝结水管维护

凝结水管是风机盘管系统特有的无压自流排放、不用回水的水管。由于凝结水的温度一般较低，为防止管壁结露滴水，通常也要做保温处理。对凝结水管的日常维护保养主要有两方面：一是要保证水流畅。由于是无压自流式，其流速往往容易受管道坡度、阻力、管径、水的浑浊度等影响，当有成块、成团的污物时流动更困难，容易堵塞管道。二是要保证保温层和表面防潮层无破损或脱落。

2. 阀门维护

在空调水系统中，阀门被广泛地用来控制水的压力、流量、流向及排放空气。常用的阀门按阀的结构形式和功能可分为闸阀、蝶阀、截止阀、止回阀（逆止阀）、平衡阀、电磁阀、电动调节阀、排气阀等。为了保证阀门启闭可靠、调节省力、不漏水、不滴水、不锈蚀，日常维护保养就要做好以下几项工作：

（1）保持阀门的清洁和油漆的完好状态。

（2）阀杆螺纹部分要涂抹黄油或二硫化钼，室内 6 个月 1 次，室外 3 个月 1 次，以增加螺杆与螺母摩擦时的润滑作用，减少磨损。

（3）不经常调节或启闭的阀门必须定期转动手轮或手柄，以防生锈咬死。

（4）对机械传动的阀门要视缺油情况向变速箱内及时添加润滑油；在经常使用的情况下，1 年全部更换 1 次润滑油。

（5）在冷冻水管路和热水管路上使用的阀门，要保证其保温层的完好，防止发生冷热损失和出现结露滴水现象。

（6）对自动动作阀门，如止回阀和自动排气阀，要经常检查其工作是否正常，动作是否失灵，有问题就要及时修理和更换。

（7）对电力驱动的阀门，如电磁阀和电动调节阀，除了阀体部分的维护保养外，还要特别注意对电控元器件和线路的维护保养。

此外，还要注意不能用阀门来支承重物，并严禁操作或检修时站在阀门上工作，以免损坏阀门或影响阀门的性能。

3. 水过滤器

安装在水泵入口处的水过滤器要定期清洗。新投入使用的系统、冷却水系统以及使用年限较长的系统，清洗周期要短，一般 3 个月应拆开拿出过滤网清洗一次。

4. 膨胀水箱

膨胀水箱通常设置在露天屋面上，应每班检查 1 次，保证水箱中的水位适中，浮球阀的动作灵敏、出水正常；1 年要清洗 1 次水箱，并给箱体和基座除锈、刷漆。

10.1.1.5　空调末端系统的运行维护

1. 风机维护

风机是通风机的简称，在中央空调系统各组成装置中用到的风机主要是离心式通风机（简称离心风机）和轴流式通风机（简称轴流风机）。通常空气处理机组（如柜式、吊顶式风机盘管和组合式空调机组）、单元式空调机以及小型风机盘管都是采用离心风机。由于使用要求和布置形式的不同，各装置所采用的离心风机还有单进风和双进风、一个电机带一个风机或两个风机之分。轴流风机主要是在冷却塔和风冷冷凝器中使用，其叶片角度并不是所有型号的都能随意改变，一般小型轴流风机的叶片角度是固定不变的。

离心风机和轴流风机虽然工作原理不同，构造也大相径庭，但其性能参数——流量、全压、轴功率、转速四者之间的关系却是一样的，而且在空调及其附属装置中使用时都是由电机驱动，并且绝大多数是直联或由皮带传动。由于离心风机在中央空调系统中的使用多于轴流风机，因此，本部分内容以离心风机为主进行讨论，轴流风机可做参考，并参阅冷却塔运行管理部分的相关内容。

（1）停机检查及维护保养工作

1）皮带松紧度检查。对于连续运行的风机，必须定期（一般 1 个月）停机检查调整 1 次；对于间歇运行（如一般写字楼的中央空调系统 1 天运行 10h 左右）的风机，则在停机不用时进行检查调整工作，一般也是 1 个月做 1 次。

2）各连接螺栓螺母紧固情况检查。在做上述皮带松紧度检查时，同时进行风机与基础或机架、风机与电机以及风机自身各部分（主要是外部）连接螺栓螺母是否松动的检查紧固工作。

3）减振装置受力情况检查。在日常运行值班时要注意检查减振装置是否发挥了作用，是否工作正常。主要检查各减振装置是否受力均匀，压缩或拉伸的距离是否都在允许范围内，有问题要及时调整和更换。

4）轴承润滑情况检查。风机如果常年运行，轴承的润滑脂应半年左右更换 1 次；如果只是季节性使用，则 1 年更换 1 次。

（2）运行检查工作

风机有些问题和故障只有在运行时才会反映出来，风机在转并不表示它的一切工作正常，需要通过运行管理人员的摸、看、听及借助其他技术手段去及时发现风机运行中是否存在问题和故障。因此，运行检查工作是不能忽视的一项重要工作，其主要检查内容有：电机温升情况；轴承温升情况（不能超过 60℃）；轴承润滑情况；噪声情况；振动情况；转速情况；软接头完好情况。如果发现上述情况有异常，应进行及时处理，避免发生事故，造成损失。

2. 风管系统运行维护

（1）风管维护

空调风管绝大多数是用镀锌钢板制作的，不需要刷防锈漆，比较经久耐用。除了空气处理机组外接的新风吸入管通常用裸管外，送回风管都要进行保温。其日常维护保养的主要任务是：

1）保证管道保温层、表面防潮层及保护层无破损和脱落，特别要注意与支（吊）架接触的部位；对使用黏胶带封闭防潮层接缝的，要注意黏胶带无胀裂、开胶的现象。

2）保证管道的密封性，绝对不漏风，重点是法兰接头和风机及风柜等与风管的软接头处，以及风阀转轴处。

3）定期通过送（回）风口用吸尘器清除管道内部的积尘。

4）保温管道有风阀手柄的部位要保证不结露。

（2）风阀维护

风阀是风量调节阀的简称，又称为风门，主要有风管调节阀、风口调节阀和风管止回阀等几种类型。风阀在使用一段时间后，会出现松动、变形、移位、动作不灵、关闭不严等问题，不仅会影响风量的控制和空调效果，还会产生噪声。因此，日常维护保养除了做好风阀的清洁与润滑工作以外，重点是要保证各种阀门能根据运行调节的要求，变动灵活、定位准确、稳固；关则严实，开则到位；阀板或叶片与阀体无碰撞，不会卡死；拉杆或手柄的转轴与风管结合处应严密不漏风；电动或气动调节阀的调节范围和指示角度应与阀门开启角度一致。

（3）支承构件维护

风管系统的支承构件包括支（吊）架、管箍等，它们在长期运行中会出现断裂、变形、松动、脱落和锈蚀。在日常巡视和检查时要注意发现这些问题，并要分析其原因。

3. 风机盘管维护

风机盘管通常直接安装在空调房间内，其工作状态和工作质量不仅影响到其应发挥的空调效果，而且影响到室内的噪声水平和空气质量。因此必须做好空气过滤网、滴水盘、盘管、风机等主要部件的日常维护保养工作，保证风机盘管正常发挥作用，不产生负面影响。

（1）空气过滤网维护

空气过滤网是风机盘管用来净化回风的重要部件，通常采用的是化纤材料做成的过滤网或多层金属网板。由于风机盘管安装的位置、工作时间的长短、使用条件的不同，其清洁的周期与清洁的方式也不同。一般情况下，在连续使用期间应1个月清洁1次，如果清洁工作不及时，过滤网的孔眼堵塞非常严重，就会使风机盘管的送风量大大减少，其向房间的供冷（热）量也就相应大大降低，从而影响室温控制的质量。空气过滤网的清洁方式从方便、快捷、工作量小的角度考虑，应首选吸尘器吸清方式，该方式的最大优点是清洁时不用拆卸过滤网。对那些不容易吸干净的湿、重、黏粉尘，则要采用拆下过滤网用清水加压冲洗或刷洗，或用药水刷洗的清洁方式。清洁完，待晾干后再装回过滤器框架上。空气过滤网的清洁工作是风机盘管维护保养工作中最频繁、工作量最大的作业，必须给予充分的重视和合理的安排。

（2）接水盘维护

当盘管对空气进行降温去湿处理时，所产生的凝结水会滴落在接水盘（又叫滴水盘、积水盘、凝水盘、集水盘）中，并通过排水口排出。由于风机盘管的空气过滤器一般为粗效过滤器，一些细小粉尘会穿过过滤器孔眼而附着在盘管表面，当盘管表面有凝结水形成时就会将这些粉尘带落到接水盘里。因此，对接水盘必须进行定期清洗，将沉积在接水盘内的粉尘清洗干净。否则，沉积的粉尘过多，一会使接水盘的容水量减小，在凝结水产生量较大时，由于排泄不及时造成凝结水从接水盘中溢出损坏房间天花板的事故；二会堵塞排水口，同样发生凝结水溢出情况；三会成为细菌甚至蚊虫的滋生地，对所在房间人员的健康构成威胁。接水盘一般 1 年清洗 2 次，如果是季节性使用的空调，则在空调使用季节结束后清洗 1 次。清洗方式一般采用水来冲刷，污水由排水管排出。为了消毒杀菌，还可以对清洁干净了的接水盘再用消毒水（如漂白水）刷洗 1 遍。

（3）盘管维护

盘管担负着将冷热水的冷热量传递给通过风机盘管的空气的重要使命。为了保证高效率传热，要求盘管的表面必须尽量保持光洁。但是，由于风机盘管一般配备的均为粗效过滤器，孔眼比较大，在刚开始使用时，难免有粉尘穿过过滤器而附着在盘管的管道或肋片表面。如果不及时清洁，就会使盘管中冷热水与盘管外流过的空气之间的热交换量减少，使盘管的换热效能不能充分发挥出来。如果附着的粉尘很多，甚至将肋片间的部分空气通道都堵塞的话，则同时还会减小风机盘管的送风量，使其空调性能进一步降低。盘管的清洁方式可参照空气过滤器的清洁方式进行，但清洁的周期可以长一些，一般 1 年清洁 2 次。在使用吸尘器吸清时，最好先用硬毛刷子对肋片进行清刷，或用高压空气吹清。如果是季节性使用的空调，则在空调使用季节结束后清洁 1 次。不到万不得已，不采用整体从安装部位拆卸下来清洁的方式，以减小清洁工作量和拆装工作造成的影响。

（4）风机维护

风机盘管一般采用的是多叶片双进风离心风机，这种风机的叶片形式是弯曲的。由于空气过滤器不可能捕捉到全部粉尘，所以漏网的粉尘就有可能黏附到风机叶片的弯曲部分，使得风机叶片的性能发生变化，而且重量增加。如果不及时清洁，风机的送风量就会明显下降，电耗增加，噪声加大，使风机盘管的总体性能变差。风机叶轮由于有蜗壳包围着，不拆卸下来清洁工作就比较难做。可以使用小型强力吸尘器进行清洁。一般 1 年清洁 1 次，或 1 个空调季节清洁 1 次。

10.1.1.6　水质管理

1. 冷却水的水质管理和水处理

中央空调系统所配置的制冷机，其冷却水系统通常都是采用有冷却塔的开式系统，当冷却水在冷却塔中与大气不断接触，进行热量和水分的交换时，也使水中的二氧化碳（CO_2）散失了，同时又接纳了大气中的污染物（烟气、粉尘等），使其溶解和混入水中，污染了冷却水。此外，冷却塔中能接受到的光线和水中的大量溶解氧，又为菌藻类的生长提供了良好条件。而循环冷却水在冷却塔中的水分蒸发和飘散又使得水中溶解盐类的浓度和水的浊度增大。这些问题的存在，造成了开式循环冷却水系统中不可避免地会出现结垢、腐蚀、污物沉积以及菌藻滋生等现象。概括起来主要是：结垢和污物沉积会造成热交换效率降低，管道堵塞，水循环量减小，动力消耗增大；腐蚀则会损坏管道、部件和设备，缩短其使用寿命，增加维修费用和更新费用，最终都会影响到中央空调系统的正常使用，并加大运行费用的支出。

为此，要从以下四个方面做好冷却水水质管理的工作：

（1）为了防止系统结垢、腐蚀和菌藻繁殖，当采用化学方法进行水处理时，要定期投加化学药剂。

（2）为了掌握水质情况和水处理效果，要定期进行水质检验。

（3）为了防止系统沉积过多的污物，要定期清洗。

（4）为了补充蒸发、飘散和泄漏的循环水，要及时补充新水。

要做好上述四个方面的工作，首先必须掌握循环冷却水的水质标准；其次，要了解循环冷却水系统结垢、腐蚀、菌藻繁殖的原因和影响因素；第三，要掌握阻垢、缓蚀、杀生的基本原理以及采用化学方法进行水处理时需使用的化学药剂的性能和使用方法；第四，会根据水质情况，经济合理地采用不同手段进行水处理。

2. 冷冻水的水质管理和水处理

冷冻水的水温低，循环流动系统通常为封闭的，不与空气接触，因此冷冻水的水质管理和必要的水处理相对冷却水系统来说要简单得多。

（1）冷冻水的水质管理

空调冷冻水系统（又称为用户侧水系统）通常是闭式的，水在系统中作闭式循环流动，不与空气接触，不受阳光照射，防垢与微生物控制不是主要问题。同时，由于没有水的蒸发、风吹飘散等浓缩问题，所以只要不漏，基本上是不消耗水的，要补充的水量很少。因此，闭式循环冷冻水系统日常水质管理的工作目标主要是防止腐蚀。

闭式循环冷冻水系统的腐蚀主要由三方面原因引起：一是厌氧微生物的生长造成的腐蚀；二是由膨胀水箱的补水，或阀门、管道接头、水泵的填料漏气而带入的少量氧气造成的电化学腐蚀；三是由于系统由不同的金属结构材质组成，如铜（热交换器管束）、钢（水管）、铸铁（水泵与阀门）等，因此还存在由不同金属材料导致的电偶腐蚀。

（2）冷冻水的水处理

冷冻水的日常水处理工作比冷却水的日常水处理工作简单得多，主要是解决水对金属的腐蚀问题，可以通过选用合适的缓蚀剂（参照冷却水系统使用的缓蚀剂）予以解决。由于冷冻水系统是闭式系统，一次投药达到足够浓度可以维持发挥作用的时间要比冷却系统长得多。如果没有使用电子除垢器，则根据水质监测情况，需要除垢时，同样参照冷却水系统使用的阻垢剂，选用其中合适的，投入适当剂量到冷冻水系统中，使其发挥阻（除）垢作用。由此可以看出，冷冻水系统的水处理，不论是工作内容，还是工作量，都要比冷却水系统少，但是由于仍存在腐蚀和结垢问题，因此也不能掉以轻心，同样要把有关工作做好，做扎实。

10. 1. 2　暖通空调系统优化运行技术

对于暖通空调系统来说，节能主要依靠建筑围护结构节能和系统运行节能两个手段。建筑围护结构节能主要是通过改善建筑围护结构热工特性等手段来降低空调负荷。而系统运行节能的主要任务则是在满足建筑空调负荷需求和室内空气品质要求的前提下，尽量提高空调系统在各种工况下的运行效率，最终降低各能耗设备的总体能耗水平。

系统运行节能是空调系统节能全过程中的关键环节，是落实建筑节能指标、降低建筑能耗的终端环节。空调系统能否节能，关键要看运行阶段的节能效果。一个好的节能设计以及精细的节能施工固然重要，但运行阶段管理不到位，如系统紊乱、调控失常、围护结构损坏、冷桥滋生、冷风渗透，存在无效能耗损失，就会产生"节能建筑不节能"、"耗能建筑更耗能"等"黑洞"现象。据清华大学、中国建筑科学研究院 2005 年下半年对北京 10 个大型政府办公建筑的能耗检测，由于中央空调系统存在严重的"大马拉小车"以及不合理运行和盲目追求室内环境高质量等原因，导致其电耗超过公共建筑节能设计标准规定指标的 10～20 倍。可见，优化空调系统运行策略，尽可能地保证空调系统节能运行至关重要。

10. 1. 2. 1　空调系统优化运行控制变量选取

为便于描述系统的不同部分和控制方案将系统分成风系统、冷冻水循环系统、冷水机组、冷却水循环系统四个子系统。

负荷和环境的湿球温度是由建筑特性和所处的特定环境决定的，并不是可以通过人为控制进行调节的变量。这就需要我们根据中央空调系统的运行特点和房间舒适性要求，结合影响系统运行效率和空调效果的各相关因素，来确定各子系统中对整个空调系统运行至关重要且可控的变量。根据中央空调系统各子系统的作用及运行特点，选取各子系统监控变量分别为：

风系统：送风温度（定风量系统）或送风量（变风量系统）。

冷冻水环路：冷冻水流量。

冷水机组：冷冻水供水温度。

冷却水环路：冷却水供水温度和流量。

一般来说，对于定风量（CAV）系统，调节其送风温度是通过调节其局部再热量来实现的，而变风量（VAV）系统的送风量是通过调节系统的静压设定值，系统自动调节 VAV 末端风阀的开度来实现的。冷冻水环路的流量控制是通过保证冷冻水供回水环路的压差值来实现的，使用定速冷冻水泵的系统是通过调节旁通阀的开度来实现的，而使用变频泵的系统是通过水泵变频来实现的。冷水机组的冷冻水供水温度设定值是通过保证机组的制冷量来实现的，而机组的制冷量是通过改变运行的机组的台数或每台机组的相对负荷来实现的。冷却水环路的冷却水供水温度和水流量是通过调节冷却塔风机的速度和运行台数来实现的。

对一个给定建筑的空调负荷需求，存在多种空调系统方案、多种运行方式和控制策略，在设计工况下也都可以达到较高的能效比，但在部分负荷时，它们的系统效率和能耗水平可能差别很大。而大部分的建筑空调负荷都存在着每日变化和季节性变化的特点，往往在绝大部分时间里空调系统都是在部分负荷工况下运行的。因此，如何提高空调系统在部分负荷下的效率，对空调系统节能具有非常重要的意义。以下将用部分负荷率（Partial Load Ratio，PLR）这一无量纲形式来表示负荷率，即冷负荷除以设计制冷能力。

10.1.2.2　运行控制精度的选择对系统能耗的影响

在任何的给定时间里，建筑的冷负荷需求可通过不同的运行模式与系统设定的组合来满足。但是，只有一组控制变量和运行模式的设定组合可以使系统功耗最低。这种最佳的状态是由于系统各部分的能耗处于一个平衡点而形成的。举例说明，增加冷却塔台数（或者风机速度）会增大风机的能耗，但会降低冷水机组的能耗，因为这降低了冷凝器的进水温度。同样，给系统增加水泵（或提高水泵转速）来增大冷却水的流量可以降低冷水机组的能耗，但是却增加了水泵的能耗。

类似的平衡也存在于带有变频水泵和组合式空调机组风机的冷冻水环路系统变量中。比如，提高冷冻水设定温度会降低冷水机组的能耗，但是为了满足冷负荷需求，必须增大冷冻水流量，这就增加了水泵能耗。提高送风温度的设定会增加风机能耗，但是却降低了冷冻水泵的能耗。

10.1.2.3　空调系统优化运行控制技术

通常确定使系统能耗最小的控制点比较困难，并且该可控制点会随着负荷变化而改变，这就进一步加大了确定其值的难度。本节提出了近似最优化控制运行的思想，即控制变量值在最优值附近。以下将提出系统各部分的近似最优控制的具体技术和方法。

1. 冷冻水供水温度控制策略

冷水机组的冷冻水出水温度的设定值对其性能系数（Coefficient of Performance，COP）有重要影响。这是由于提高冷冻水温度可以使冷水机组的蒸发压力和蒸发温度相应提高，从而使冷水机组的制冷性能得到改善，COP 相应提高。图 10-1 显示了某公司特定型号的螺杆机组在某一冷却温度下机组 COP 与冷冻水出水温度的关系，图中每条曲线代表某一部分负荷率（PLR）下的数据。从图中可以看出，在各部分负荷率下，冷水机组的 COP 与冷水出水温度近似呈线性关系。100% 负荷率下，冷水温度每升高 1℃，冷水机组 COP 提高约 3%。

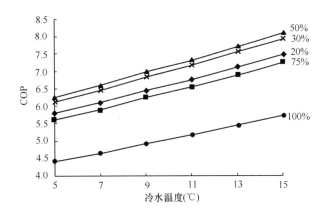

图 10-1　某型号冷水机组 COP 与冷冻水温度的关系

（1）定流量（定速泵）系统控制策略

对于定流量系统，提高冷冻水的设定温度可以降低冷水机组的能耗，但对循环泵的电耗不会产生影响。因此，与变流量系统相比，优化供水温度设定值可以带来更大的节能效益，尽管变流量系统的总体能耗可能较低。对定流量系统，最佳的运行策略就是在满足所有末端送风温度要求和除湿要求的前提下，尽量提高冷水的出水温度。实现这种运行策略的手段主要为分阶段手动调节和自动控制两种。

1）分阶段手动调节

一般是把空调季按室外气象变化和负荷分布规律大致分为若干个时间段，在每个时间段内采用固定的冷水温度设定值。当空调季由一个时段过渡到另一时段时，手动调整冷水机组的出水温度。目前国内采用这种方式进行冷冻水温度调节的比较多。这种调节方式较为简单，无须增加任何设备，也可以在一定程度上达到提高冷水机组能效比的目的。但是也存在以下两个问题：

① 由于空调的部分负荷率不仅是在一个空调季的每个阶段不同，就是每日和每小时往往也有较大的变化，同时，每个末端的负荷率变化也可能存在较大的差异。因此在计算某一阶段所采用的冷水温度时，就需要采用较低的设定值，以满足这个阶段的负荷最大时段以及负荷率最高末端的需求。这样，系统的节能潜力就可能得不到充分的发挥。

② 在某一阶段采用固定的温度设定值，但没有末端的调节效果的反馈，属于一个开环控制。因此对计算的准确性以及对系统运行维护人员的专业水平要求较高。

2）冷冻水温度自动控制

确定最佳的冷冻水出水温度的一种方法就是监控"典型"空气处理机组

（AHU）的水阀的位置，同时在固定的时间步长内，递增调节设定温度值直到有一个水阀全开。所选择的"典型"空气处理机应该能满足负荷多样性（包括所有时刻的负荷）和数据可靠性。这一控制方法的一个难点就是阀门位置数据常常不可靠。阀门可能被卡在开启状态或者饱和度指示器可能出错，传感器显示值和执行器的动作情况也可能不一致。这个问题可通过监测送风温度来克服。如果阀门没有全开，这就说明盘管的流量足以维持送风温度在设定值附近。相反，如果阀门保持全开状态，送风温度最终会升到设定值以上。根据这些因素就得出了以下简单规律，以针对阀门位置和送风温度参数的改变而采取相应的措施，确定是升高还是降低冷冻水温度设定值。

（2）变流量（变频泵）系统控制策略

常见的冷冻水变流量系统可分为一次泵变流量系统和一/二次泵变流量系统。一次泵是定速的，并且通常是由冷水机组的控制策略决定其运行策略以保证进入蒸发器的流量相对稳定。而二次泵通常是变频的，一般是对其进行控制以维持管路供回水压差设定值。当冷冻水和压差设定值都根据负荷变化进行了优化的时候，采用变频泵就为节省可观的运行成本提供了可能性。

在定干管供回水压差控制水泵变频系统的实际运行中，要控制泵速以维持供回水干管压差恒定。但这种控制方法并不是最佳的，随着流量的变化，为了维持压差恒定，当负荷（也即流量）减少时，空气处理机组的阀门必须关闭，而这将会导致流动阻力增加。在冷冻水设定温度给定的条件下，最好的运行策略是在保证至少一个阀门全开的条件下，重新设置压差设定值以维持所有的送风温度。这样就能够使系统阻力相对稳定，并且在低负荷条件下泵的节能潜力更大。使用变压差设定值控制方法的冷冻水环路的优化就是要找到能够使冷水机组和泵的总功率最小的冷冻水温度，并且泵的控制策略取决于压差设定值和系统负荷。

在变流量系统中，随着冷水温度的变化，水泵能耗与冷水机组能耗在一定程度上相互影响。图10-2反映了在某一固定的部分负荷率下，采用变压差控制的变流量系统，在不同冷水出水温度设定值下冷水机组能耗与冷水泵能耗的变化关系。随着冷冻水温度的升高，冷水机组功耗降低。温度设越高，就需要越多的冷冻水量来满足负荷需求，同时泵耗需求也会增加。当泵耗随着冷冻水温度升高的增加率和冷水机组功耗的减少率相等的时刻，总功率最小。随着负荷的增加，这一最优设定值会降低。

对于给定的变流量系统，某工况下的最佳出水温度值主要与部分负荷率以及末端进风湿球温度有关，它随部分负荷率的上升而下降，随末端进风湿球温度的升高而上升。

在系统试运行时，可以根据上图设定控制参数，在运行一段时间后再根据实际测试数据对其进行调整。

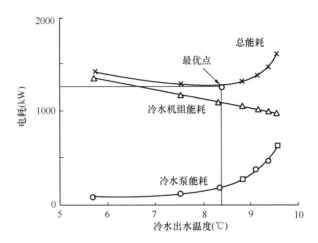

图 10-2　不同冷冻水温度设定值下冷水机组能耗与冷水泵能耗的关系

（3）冷冻水供水温度限制条件

对于给定的冷负荷，冷冻水温度既有上限也有下限。需要设定下限值以避免蒸发器管路结霜。这一限值主要取决于负荷与蒸发器型号之间的关系，换句话说就是冷冻水和制冷剂之间的温差。冷冻水设定温度的下限值应该根据设计值来进行估计，因为当实际负荷小于设计负荷时，将冷冻水温度设定值升到下限值以上可以改善整个系统的性能。

冷冻水温度的上限值是由房间舒适性限制条件和高湿度条件下微生物的生长率决定的。在现有的流量条件下，冷冻水温度应该足够低以维持一定送风温度和湿度，保证所有房间在舒适度范围内并且能够抑制微生物生长。上限值是随着负荷和室外条件的变化而改变的，通过监测末端房间的温湿度以确保室内各条件在舒适性范围。如果房间温度或者湿度不在合理范围内，那么送风温度设定值就需要降低了。

（4）泵运行策略

变频泵有时和定速泵或者是其他的变频泵一起使用。水泵的运行策略问题包括确定水泵加/卸载的顺序和时刻。

加载泵时，应该按照能够使流量连续变化和在每个切换点的泵和管网特性条件下，泵的运行效率最高的顺序来进行加载。对于有定速泵和变频泵组合的系统，加载泵时要保证至少有一台变频泵优先于定速泵加载。对于带有变频泵的单一环路（即没有二次环路）系统，泵的压降特性会随着冷水机组的加载或卸载而变化，并且泵的最优运行策略取决于冷水机组的运行策略。

在任何时候，只要当前泵在最大流量下运行并且不能再满足压差设定值要求时，就必须额外加载一台水泵。这一状态可以通过监测压差或者是控制器的输出信号来检测到。泵的流量不够的话就会导致压差长期小于设定值，并且控制器的输出是 100％饱和的。当其余泵的流量足够大来维持压差设定值时，就可以卸载某一台水泵。这一点可以通过比较当前的和上一台泵刚加载进来时刻的控制器输出值（时间步长内的均值）来确定。若当前的输出值比切换点的值少一个步长设定值（例如 5％）时，该水泵就可以卸载了。

2. 冷却塔运行策略

在大多数情况下，冷却塔是独立控制的，冷却塔风机采用反馈控制，以保证输送到冷凝器的冷却水水温恒定，往往是保证冷却水供水温度恒定。但实际上更好的控制方法是维持冷凝器的供水温度和周围环境的湿球温度之间的差值恒定，可通过优化冷却塔运行控制策略来实现节能。

风机运行策略主要取决于运行的冷却塔台数和各风机的速度。冷却塔风机控制分为两个部分：冷却塔运行策略和最佳流量。对于一个给定的冷却塔流量，一般最佳的冷却塔运行策略是要确定能使冷水机组和冷却塔风机能耗最低地运行的冷却塔单元数量和风机速度。

（1）冷却塔风机运行策略

对变频风机而言，在各种条件下，当所有的冷却塔单元都运行时，机组功耗最小。冷却塔流量随风机转速呈线性变化，而其功率与转速成三次方变化。因此，如果总流量相同，所有的冷却塔单元以等流量运行，那么就可以使风机转速更小，同时风机总能耗也更小。所有冷却塔单元全开的另一个好处是，流过喷嘴的压降会更低，这样的话，相应的泵耗也就会降低。但是，如果压降过低，喷水不够反过来会影响冷却塔的传热性能。

但当冷却塔使变用的是多速风机，而不是连续可调的变频风机时，总是让所有的冷却塔都运行并不是最优的选择。最佳的运行台数和各风机速度取决于系统的性能和周围环境条件。但是，最佳的冷却塔风机运行策略与负荷的变化存在一个简单的关系。有学者指出，几乎在所有的实际情况中，速度最低的风机（包括停机的风机）应该先加载。加载冷却塔风机的规则如下：

均为变频风机：所有的风机以相等的速度运行。

均为多速风机：需要增加冷却塔冷却能力的时候，先开速度最小的风机；冷却能力需减小时相反。

变速/多速风机：所有的变频风机以相等的速度运行；需要增加冷却塔冷却能力的时候先开低速风机；当变频风机速度也能满足需求时，增加多速风机。

类似地，要减小冷却塔冷却能力时，速度最大的风机先卸载，运行策略和加载时相反。

这些原则是根据对随着风机运行策略的改变系统功率的增量进行评估得出的。根据有关研究结果，对于双速风机来说，如果低速比高速的 79％要小，那么增加一台低速风机就会比将一台风机由低速增加到高速的功率增量要小。此外，如果低速比高速的 50% 要大，增加一台低速风机后系统流量的增量要大（因此系统的传热性能更好）。最常见的冷却塔双速风机的低速一般是高速的 1/2～3/4。这样的话，在将任意一台风机调到高速之前，应该先加载一台低速风机。同样的，在任意一台风机卸载之前，应该先将风机由高速调到低速。

对于三速风机来说，低速一般大于或等于高速的 1/3，并且高速和中速之间的差别与中速和低速之间的差别相等。在这种情况下，最佳的运行策略是，当需要增加冷却塔冷却能力的时候，先加载速度最低的风机；当需要减小冷却塔冷却能力的时候，先卸载速度最高的风机。一般满足这一条件的三种速度组合为：1/3 全速，2/3 全速，全速；或者 1/2 全速，3/4 全速，全速。

（2）冷却塔风机和流量限制条件

考虑到冷水机组潜在的维护方面的问题，就需要增加冷凝器供水温度作为冷却塔控制的附加限制条件。很多（老的）冷水机组对冷却水供水温度有一个最低值限制，这样做是为了避免压缩机润滑故障。同样需要设定一个最高的冷却水供水温度限值以避免因为过高的冷却压力而导致压缩机喘振。如果冷却水温度降到了温度下限值以下，就需要重新设定冷却塔控制策略并降低冷却塔流量以保证温度升到限值以上。同样地，如果超过了上限，就应该根据要求增加冷却塔流量。

3. 多台冷水机组运行策略

在实际项目中，冷源采用多冷水机组时多采用并联的方式运行，并且通常是控制各机组冷冻水供水温度相同。在大多数情况下，保证相同的设定温度控制是最好也是最简单的策略。用这种方法的话，运行的冷水机组的相对负荷是由冷冻水的相对流量控制的。一般来说，冷冻水和冷却水的流量分配都取决于制冷机的压降特性，可以通过流量平衡来进行调节。除了冷冻水和冷却水的流量分配之外，冷水机组的运行顺序也会影响能耗。冷水机组的运行顺序决定了加载/卸载制冷剂的顺序和条件。以下将介绍基于近似最优控制的冷水机组优化运行策略。

（1）冷却水流量分配策略

总的来说，流入每台冷水机组的冷却水流量设定值应能保证冷凝器回水温度一致，相当于各机组相对冷凝器流量和相对机组负荷相等。

有研究表明，当 2 台冷水机组并联运行时，在相同的负荷条件下，整个冷水机组的 COP 是随着两冷水机组之间冷凝器回水温差的变化而变化的。对于相同的冷水机组，不管是用变频还是定速的压缩机，冷凝器回水温差几乎为零。而对于性能不同的冷水机组并联的情况，相同的冷凝器回水温度使冷水机组的性能接近最优值。甚至对于性能差别很大并分别使用变频和定频冷机并联的组合，在相同的冷凝器回水温度下运行，差别也很小。为得到相同的冷凝器回水温度，需要合理分配和平衡设计条件下冷却水流量。

（2）冷水机组负荷分配策略

假设冷冻水供回水温度一样，运行中的每台冷水机组的相对冷冻水负荷（负荷除以总负荷）可由相对冷冻水流量（流量除以总流量）来控制。为了能够根据运行条件改变相对负荷，必须控制各台冷机的流量。但是，通常不会这样做，可根据设计信息来确定负荷分配以充分满足要求，进而平衡流量以达到这一负荷分配。另外，各冷机的负荷可通过改变各自的供水温度设定值来精确控制。

（3）冷水机组加载或卸载顺序

对于运行效率相似的冷水机组，加载或卸载的顺序是由其制冷能力和运行时间决定的。但是，只要是有利的、可行的话，就应该按照能够最小化系统能耗的增加幅度的顺序来加载或卸载冷水机组。

当需要增加冷水机组（即需要第 $N+1$ 台）时，最佳的加载机组应该是使整个冷水机组的功耗增加最少（或者是减少最多）的那台机组。尽管这些估计可以在线进行，但是使用设计运行温度并假设当前的 N 台冷水机组在他们的设计负荷下运行就足以确定加载（和卸载）冷水机组的顺序。

对于设计制冷能力类似的冷水机组，可以用类似的方法来确定冷水机组的加载和卸载。在这种情况下，峰值 COP 最大的机组可以最先加载，其次是效率第二高的，以此类推，卸载的顺序与此相反。每台机组的最大 COP 值可以根据厂家给出的设计和部分负荷参数或者是现场性能拟合曲线估算出来。

（4）冷水机组加载或卸载的负荷条件

一般来说，当加载冷水机组后，机组总功耗（包括泵、冷却塔或者是冷凝器）与加载前相比要小，就应该加载该台冷水机组。相反，如果卸载后总功耗更小，那就应该卸载该冷水机组。实际上，为确保控制的稳定性，加载冷水机组的转折点会比卸载高（例如 10%）。最优化的冷水机组运行顺序主要取决于他们的部分负荷特性和冷水泵的控制形式。

10.1.2.4　组合式空调机组控制策略

1. 定风量系统送风温度优化控制

定风量系统送风温度重设可带来可观的节能潜力。提高供冷送风温度设定值能够降低冷负荷和减少再热量，但是不会增加风机能耗。一般来说，定风量系统的送风温度可设定为能够保证所有区域温度在其设定值并且湿度在可接受的范围内的最大值。定风量系统送风温度可根据以下策略进行优化控制。

在每个确定的时间步长（例如 5min）内，可运用以下逻辑：

第一步：检查典型代表区域再热单元的控制器输出值，并确定上一个确定时间步长内的平均值。

第二步：如果控制器的输出比临界值要小（例如 5%），就将送风温度设定值降低一个固定值（例如 0.3℃），然后进入第四步。否则进入第三步。

第三步：如果所有区域的湿度在可接受的范围内并且所有控制器的输出值比临界值大（例如 10%），就要将送风温度设定值升高一个固定值（例如 0.3℃），然后进入第四步。否则不改变设定值。

第四步：将设定值限制在满足舒适度的上下限范围内。

2. 变风量系统静压优化控制

变风量系统的流量可通过风机输出侧、风机入口叶片、带有可控叶片距离的轴流式风机或者风机发动机变速控制的风阀来调整。一般地，对这些控制设备的输出值进行调整来维持管道静压设定值。在一个单风道的 VAV 系统里，管道的静压设定值通常是由设计者设定为一个固定值。传感器设置在管道的某一点以保证既定的设定值能够确保在变负荷（送风量）条件下 VAV 末端装置能够正常运行。这种方法的一个不足之处就是静压是基于一个单一的传感器来控制并用来表示提供给所有变风量末端装置的压力。该传感器的设置位置不合理或者故障都将导致运行出问题。

对于定静压设定值系统，所有的变风量末端装置会随着房间负荷的降低而趋向关闭。因此，随着负荷的降低，风系统阻力会升高。如果能够重设静压设定值以确保至少有一台变风量末端装置是开着的，那么风机能够节省的能耗将是非常可观的。用这种方法的话，系统阻力就会相对稳定。基于这一概念有学者用模拟的方法说明了不管是静压还是风机速度都可以直接通过来自一个或多个区域的风量误差信号和简单的规则来进行控制。

在每个确定的时间步长（例如 5min）内，可采用以下控制方法：

第一步：检查典型代表变风量末端装置的控制器输出值，并确定上一个时间步长内的平均值。

第二步：如果任意一个控制器的输出比临界值（例如 98%）要大，就将静压设定值升高一个固定值（例如设计范围的 5%），然后进入第四步。否则进入第三步。

第三步：如果所有的控制器输出值比临界值小(例如 90%)，就将静压设定值降低一个固定值(例如设计范围的 5%)，然后进入第四步。否则不改变设定值。

第四步：将设定值限制在基于流量上下限限制和风管设计考虑的上下限范围内。

10.2　电气与控制系统

10.2.1　提高变压器利用率，保证变压器经济运行

10.2.1.1　变压器损耗

变压器的损耗包括两部分：铁损和铜损。变压器的温升主要由铁损和铜损共

同产生的。

　　铁损产生的原因为变压器的初级绕组通电后，线圈所产生的磁通在铁芯流动，在垂直于磁力线的铁芯平面上产生感应电势，感应电势在铁芯的断面上形成闭合回路并产生电流，使变压器的铁芯发热，变压器的温升增加，从而使变压器的损耗增加。

　　铜损产生的原因是变压器需要绕制大量铜线，电流通过带有电阻的铜线时会消耗一定的功率，这部分损耗往往也变成热量。变压器的铜损分为两部分：原绕组的铜损和副绕组的铜损。

　　由上述损耗产生的原因可知，变压器的铁损与变压器的一次电压有关，铜损则主要取决于负荷电流的大小。

10.2.1.2　变压器经济运行策略

　　应监测变压器的空载损耗和负载损耗，使变压器在最经济的状态下运行。

　　变压器严禁长时间处于过负荷状态下运行。由于变压器自身存在铁损和铜损，负荷率过低也无法保证变压器经济运行。变压器经济运行的负荷率应在60%～80%。虽然设计人员按照负荷计算进行变压器选型，但在实际运行中变压器低负荷率使用的状况非常普遍。经过对既有大型公共建筑进行调查发现，变压器的实际负荷率在10%～40%居多，有些变压器冬季、夏季的最大负荷率均不超过10%，有些季节性负荷变压器在冬季时负荷率达到80%～90%，但夏季最高负荷率仅为2%～5%左右。当有多台变压器运行时，应根据季节性负载的特点，应适时退出相应的变压器，以减少变压器的空载损耗，尽量让变压器保持在经济运行状态。

10.2.2　无功补偿

10.2.2.1　功率因数要求

　　设备的视在功率 S（kV·A）由有功功率 P（kW）和无功功率 Q（kVar）组成，$S=\sqrt{P^2+Q^2}$，功率因数 $\cos\varphi=P/S$，功率因数越小说明在消耗相同的有功功率的条件下无功功率增大，造成视在功率增大。采用功率因数补偿措施提高功率因数后，在消耗同样有功功率的条件下无功功率减小，视在功率下降。因此提高功率因数可减少无功功率的损耗，减少线路损失和变压器的铜损，提高供电容量、降低电网损耗、提高电网稳定性和安全性。

　　现行的《国家电网公司电力系统电压质量和无功电力管理规定》中要求100kV·A 及以上 10kV 供电的电力用户在高峰负荷时变压器高压侧功率因数不宜低于 0.95，其他电力用户功率因数不宜低于 0.90。

　　若功率因数达不到要求时，供电部门会收取功率因数调整电费，用电费率会在基础电费基准上按照一定的比例进行上调，增加了用电成本，并使得大量的无功电流在电网上进行传输。若采用提高自然功率因数的措施后仍然达不到供电部门的要求时，应采取补偿措施提高功率因数。

10.2.2.2　无功补偿方式

无功补偿按照补偿的位置可分为集中补偿和就地补偿，可在变压器低压侧集中设置电力电容器进行补偿，设备容量较大、长期运行并且负荷平稳时可采用电容器就地补偿。

按照无功补偿的投切方式可分为手动投切和自动投切。手动投切方式适用于补偿低压基本无功功率的电容器组、常年稳定的无功功率、经常投入运行的变压器或配电所内投切次数较少的 10kV 电容器组。无功自动补偿适用于无功功率容量变化较大、避免过度补偿、避免轻载时电压过高、满足电压稳定性要求并且经济上合理的情况。

10.2.2.3　合理应用电容补偿器

目前公共建筑的变配电室一般由物业人员进行运行维护，但物业公司及物业人员更换频繁，运行管理人员的水平有限，大多数项目在运行几年后相关的设备的使用说明、操作手册均无法找到，定期需要做的维护和检测则能省即省，自动投切的电容补偿装置也经常被废弃，设备是否能正常使用也无人问津。

如某公共建筑物业经理通过比较发现该建筑的能耗费用比同类建筑高 60% 左右，为了发现节能的潜力请专业人员查找原因。该建筑配电室内共设置 6 台 1600kV·A 干式变压器，每台变压器均集中设置了自动电容补偿装置，但其中 3 台变压器的功率因数均低于 0.9，其余 3 台变压器电容补偿柜上功率因数控制器无法显示功率因数值，两路 10kV 进线中一条进线的功率因数为 0.776，远低于供电部门对功率因数要求的指标。所有电容补偿自动投切装置均切换至手动位置，且均未进行手动功率补偿。通过了解得知运行维护人员认为开启电容补偿装置是费电的行为，为了节省用电索性将电容补偿全部关闭。殊不知无功补偿电容器本身的有功功率损耗较小，一般约占无功容量的 0.3%～0.5%，但由于无功功率高带来视在功率增加以及由于功率因数低供电部门增收功率因数调整费所带来的额外电费要远高于电容器自身所消耗的那部分费用。初步估计若将电容补偿装置正常投入使用，自动将功率因数提高至正常水平，年节省的电量保守估计为 180 万千瓦时，年节省的能耗费用也是非常可观的。

从上述案例可以看出无功补偿装置在日常使用中的重要性，因此在配电系统运行管理中应加强电容补偿装置的运行管理，提高整体功率因数，降低没必要的能源损耗，提高供电设备的运行效率，减少用户电费的支出。

10.2.3　谐波测量与治理

谐波的产生是由于电网内有大量非线性电气设备投入使用，导致电压、电流波形不是完全的正弦波，而是畸变的非正弦波。

10.2.3.1　谐波的危害

谐波的危害如下：

（1）可使电动机效率降低，发热增加。

（2）可使变压器产生附加损耗，从而引起变压器过热，使得绝缘介质老化加速，并产生振动和噪声。

（3）可使电容器过载发热，当容性阻抗与感性阻抗相匹配时容易引起谐振，导致电容器被击穿，出现膨胀、爆炸、起火等故障。

（4）高次谐波可使断路器的开断能力降低。

（5）使中性线电流增大，导致中性线发热。

（6）可使电子设备控制信号紊乱等。

10.2.3.2　谐波的测量和判定

1. 谐波测量

谐波的分析研究和治理都是建立在谐波的准确测量基础上的，测量仪器应满足《电能质量　公用电网谐波》GB/T 14549 的要求。谐波的测量应在电网正常供电、电力电容器正常运行、谐波源工作周期中谐波量大的时段进行，测量的谐波次数一般为第 2 至第 19 次，根据谐波源的特点和测试分析结果，可以适当变动谐波次数的测量范围。目前市面上用来测量谐波的仪器一般可以测量到 50 次谐波分量。

对于负荷变化快的谐波源测量间隔时间不大于 2min，测量次数一般不少于 30 次。负荷变化满的谐波源测量间隔和持续时间不做要求。为了区别暂态现象和谐波，对负荷变化快的谐波，每次测量结果可为 3s 内所测的平均值。

2. 谐波判定

《电能质量　公用电网谐波》中明确了对不同标称电压下的电压总谐波畸变率限值及奇次和偶次谐波电压含有率限值，可以根据测量的结果直接判断谐波电压是否超标。

《电能质量　公用电网谐波》中规定了不同标准电压、基准短路容量下各次谐波电流允许值。当被测项目的电网公共连接点的最小短路容量不同于标准给出的基准短路容量时，需按照项目的最小短路容量对各次谐波的允许值进行修正。修正后的值为变压器额定负荷下的谐波限值，测量时的负荷不一定是额定负荷，因此还需按照变压器的实际负荷率对各次谐波的允许值进行折算，通过将测量值与折算后的各次谐波电流限值进行比较，判断谐波电流是否超标。

10.2.3.3　谐波的治理

1. 谐波治理措施

当测量发现谐波电流或谐波电压超过正常值时，需及时进行谐波治理，目前治理的主要措施如下：

根据谐波测量的结果，了解谐波含量较高的阶次和数量，将电容补偿器串联适当参数的电抗器，避免谐振同时限制电容器中的谐波电流，保护电容器；在谐波源附近设置滤波装置。

2. 无源滤波装置和有源滤波装置

滤波装置分为无源滤波装置和有源滤波装置，二者各有优缺点。

无源滤波装置通过电感和电容的匹配，对某次或多次谐波电流构成一个低阻态通路，阻止谐波电流流入系统。无源滤波的优点为成本低，运行稳定，技术相对成熟，容量大。缺点为谐波滤除率一般只有 80%，受系统阻抗影响严重，存在谐波放大和共振的危险。

有源滤波装置自身就是谐波源，其依靠电力电子装置，在检测到系统谐波的同时产生一组和系统谐波分量幅值相同、相位相反的电流，抵消掉系统谐波，使其成为正弦波形。反应动作迅速，滤除谐波可达到 90% 以上。缺点为价格高，容量小。

无源滤波装置和有源滤波装置均可对谐波进行有效的治理。在容量大且要求精细补偿的地方还可采用有源滤波装置和无源滤波装置联合运行，即采用无源滤波装置进行大容量的滤波补偿，有源滤波装置进行微调的方式进行谐波治理。

10.2.4　控制系统运行维护

10.2.4.1　控制系统存在问题的原因

目前许多建筑内的控制系统运行存在各种各样的问题，有些控制系统在项目投运几年后便无人问津，原因是多方面的：

（1）控制系统调适人员工作不够细致，在调适过程中认为阀门可以动作，可以进行调节就完成了任务，未对控制参数进行精细的调整，造成有些控制环节控制动作迟缓、控制偏差较大等情况。

（2）项目建设阶段缺少必要的联合运行调适，各专业各司其职，出现问题时互相推脱，各专业衔接配合不到位。控制系统调适通常为项目实施的最后阶段，调适中出现许多问题全部归咎于控制系统是不合理的，例如控制系统应在空调系统达到设计工况的条件下进行细致调节，若空调系统本身无法达到设计参数，任凭控制系统如何调节也无法达到控制要求。因此控制系统的调适不是一个专业的任务，需要其他专业的配合才能达到项目整体要求的设计效果。

（3）缺少第三方检验机制，项目验收时未对控制系统进行细致的功能验证和检测，参与验收人员不重视控制系统或对控制系统了解不够，仅在中控室看到画面上有数据显示而不关心具体的控制效果，导致业主接收后投诉多、问题多。

（4）控制系统培训及操作手册等相关资料制作不够完善，由于物业人员流动性大，水平参差不齐，控制系统的实施单位不可能每换一批人就对新人进行详细的培训，若相关的培训资料做得不够完善，将导致几经换人后无人会使用控制系统。

（5）缺少后期再调适及维护，设备故障未及时维修。完善的系统也需要根据使用条件的变化、使用功能的变化进行调整，但目前许多项目为节省费用超过保修期后不再与控制系统实施单位签订后期维护合同，运行几年后已无法找到当年实施控制系统的相关人员，无法对原系统进行调整。

上述种种原因导致运行人员认为控制系统不好用，不如人为进行控制，有的项目宁可每天让运行人员在管道夹层爬进爬出手动开关几十台机组，也不再使用控制系统，导致了大量性能优良的控制器、传感器、执行器无人关注，投入大量建设资金的控制系统遭到废弃。并且由于手动控制没有自动控制及时准确，在运行管理中也造成了大量不必要的能源损失，增加了设备的运行费用。同时在运行中也逐渐忽略了控制系统的各种报警信息，带来了事故隐患。

10.2.4.2　控制系统的维护

控制系统的运行维护对于保证控制系统可靠、正常运行起到至关重要的作用。运行维护应包含下面内容：

（1）控制系统资料档案完整，包括与实际相符的竣工图、控制箱内接线图、控制器、传感器、执行器产品说明书、中央管理软件安装手册和操作维护手册等。

（2）建立控制系统故障台账，记录出现故障的原因、解决方式。

（3）定期对各类传感器的精度进行校准，偏离准确度小的通过软件进行修正，偏离大的应及时维修或更换。

（4）根据运行情况采用适时有效的节能措施，如调整时间表、温度设定值、加大过渡季节新风比等。

（5）根据实际运行情况及经常投诉的问题调整控制策略，使得控制系统逐步完善，更好地发挥应有的作用。

第 11 章　低成本和无成本运行维护技术研究

11.1　建筑节能工作背景

随着我国经济和社会快速发展，大型公共建筑日益增多。据统计，我国目前大型公共建筑总量约为 6 亿平方米，占城镇建筑总量的 4%，总能耗却占全国城镇总耗电量的 22%，单位面积年耗电量达到 70～300kW·h，为普通居民住宅的 10～20 倍。随着社会的发展大型公共建筑即将成为能源消耗的主要领域。目前我国建筑业物质消耗占全部物质消耗总量的 15% 左右，建筑能耗约占全社会能耗的 30%。同时，我国建筑耗能的效率仅为发达国家的 30% 左右，建筑节能的空间很大。截至 2006 年底，我国建筑面积约 400 亿平方米，绝大部分建筑为高耗能建筑，同时新建建筑中 95% 以上仍属于高能耗建筑。预计 2020 年全国房屋建筑面积达 690 亿平方米。建设部要求，到 2010 年全国各大中小城市及城镇普遍实施节能率为 50% 建筑节能标准（即在 1981 年住宅能耗水平的基础上节能 50%），到 2020 年，所有建筑节能标准得到全面实施，在全国范围内实施节能率为 65% 的建筑节能标准，大中城市基本完成既有建筑的节能改造。

当今社会能源紧缺，因此建筑节能的重要性显而易见。大型公共建筑能耗比较复杂，包括采暖、空调、照明、办公电器设备、饮水设备、电梯等，各项能耗特点和相关节能方法都不尽相同，应该区别对待。所以很多运行管理方面的细节或微调都可能很大幅度地降低能耗。因此恰当使用低成本和无成本运行措施通常可以起到很好的节能效果。近年来，国内外专业人士致力于建筑节能领域的工作，取得了一系列成果。对建筑节能有很重要的借鉴意义。

11.2　低成本\无成本概念的引入

亚太清洁发展和气候新伙伴计划（Asia Pacific Partnership on Clean Development and Climate，APP）是由美国于 2005 年提出的多边合作计划，此计划旨在倡导应对气候变化不应影响经济发展，主张采用先进技术，提高能源效率和发展清洁能源，降低碳排放强度，减少温室气体排放，项目共有中国、美国、澳大利亚、日本、韩国、印度、加拿大等 7 国参加，共有包括建筑和家用电器工作组在内的 8 个行业工作组。

2008 年 4 月，中国住房和城乡建设部与美国环境保护局在此项目下联合签署了《关于在 APP 建筑节能领域展开合作的备忘录》。2008 年 10 月，美国国务院批准"通过改善建筑运行提升建筑能效"项目，项目活动也得到了美国国际开发署的支持。

"通过改善建筑运行提升建筑能效"项目是 APP 建筑和家用电器工作组第五合作主题"既有建筑节能"下的合作项目，合作方负责在中国推广低成本的既有建筑节能运行措施，提升建筑能效，达到在建筑实际使用过程中降低建筑能耗的目的。在中国物业管理协会的组织协调下，中国建筑科学研究院与美国 ICF 国际咨询公司等相关单位在大型公共建筑节能运行管理方面开展了大量调研、培训、追踪等活动，得到了良好的社会反响并且取得了巨大的节能效果。

11.3　建筑节能运行存在障碍

通过对参加调研的建筑运行情况以及针对节能的专项管理技术措施进行总结分析，可以发现，在大型公共建筑运行阶段的节能工作贯彻执行过程中，主要存在以下障碍：

1. 管理人员对节能理念认识不足

通过与参与调研的企业中高层管理人员交流发现，现阶段，我国大型办公建筑、酒店建筑的关注重点主要集中在通过提供更高端的硬件设施吸引租户（住户），从而提高营业额，提高利润，对于室内环境和舒适度等软性要求关注度不够。在建筑运行过程中，某些建筑的业主和物业公司甚至还会通过减少建筑能源系统的运行时间、停止开启室内新风等人为措施，以降低室内环境舒适度为代价来被动节能。相信随着租户对室内环境的要求逐步提高后，这些建筑的能耗还将继续增长，这也会促使建筑管理人员寻求更多的主动节能措施。

一些由企业集团自行开发并且自持的物业公司对于既有建筑节能工作非常重视，但通常会在资金充足的条件下，选择对既有建筑的设备进行更新升级，对于低成本的节能技术重视程度还不够。

2. 技术人员专业基础差，流动性大

通过对 26 个项目的 160 名企业管理人员和一线操作人员进行调研发现，大专学历以上人员占全部人员总数的 40%，绝大部分技术人员无专业背景。技术人员在建筑实际运行中，基本以建筑系统和设备的"开/关"控制为主，对于稍微复杂的楼宇自控系统，或需要进行反馈运行调适的 VAV 空调系统等则无从下手。

由于薪酬待遇低而导致的频繁跳槽也是导致物业管理公司无法长期开展节能工作的一个原因，通过对项目组 2008 年调研项目的某些项目回访来看，除物业管理公司高管还在继续在工作，所有的中层和一线工作人员全部更换，这也影响到物业管理公司对低成本节能技术的持续使用。

3. 节能专业服务外包少

参与调研的项目，其建筑设施设备维护外包比例低于 20%，基本没有将节能服务进行外包，这主要是由于大部分物业管理公司的管理职能还主要为保安、保洁、设备维护和绿化等方面，不承担建筑节能的工作任务，也没有相关激励措施。

目前"合同能源管理"在国内发展得很快，这种由节能服务公司提供资金、服务、管理，节能服务公司和建筑业主共享收益的服务方式理论上可行度高，但在实际落实上，对于建筑业主和物业公司不属于一个公司的情况，节能服务公司在建筑室内环境测量、机电系统调适、建筑能耗统计、节能量认证的全过程需要物业公司参与的工作量大，如无利益驱动物业公司，物业管理公司对自己的定位不清，则常常容易在配合上出现很多问题，节能结果也往往不够理想。对于建筑业主和物业公司为同一个公司这种情况，通常只有在建筑物室内环境极差的情况下，如冬天室温过低，夏天室温降不下来，物业公司才会聘请专业机构解决此类问题，但此类问题一般不属于常规的建筑节能范围，而一般情况下，物业公司不会寻找专业的建筑节能外包参与其建筑长期管理工作。

11.4　建筑物低成本节能措施分析

针对不同建筑类型和系统特点，项目组从建筑能耗数据收集及分析、优化系统及设备使用时间、暖通空调系统节能、照明系统节能、室内室外空气管理、用户服务与管理等 6 大方面给出了 23 个具体的低成本解决办法。每栋建筑都存在 8～15 个可快速实施的低成本的节能技术措施，通过综合分析并总结这 26 栋示范项目采取的低成本节能措施及达到的节能效果，下面 9 项措施可被最广泛地应用于各类大型公共建筑中：

1. 重设冷机出水温度

重设冷机出水温度需要使用设定温度点的室外温度和出水温度关系图，用这些资料对建筑自控系统进行编程，使之能够根据室外温度、时间、季节和（或）建筑负荷，来自动设定出水温度。如果建筑自控系统不能调整出水温度，可以考虑制定人工控制的计划。

每个建筑的情况各不相同，所以每个物业工程技术团队均需确定室外温度与满足室内温度设定点的冷冻水水温之间的关系。为此，应收集室外温度、冷机出水温度和由此得出的室内温度设定点的数据。一般来说，楼宇自控系统可以记录这些数据，以便确定最佳条件。楼宇自动控制系统可根据测得的数据关系，对应于室外气温相应地升高或降低冷机出水温度。如楼宇自动控制系统不能自动控制，可以手动调节冷机出水温度，根据物业工程人员的能动情况选择每天、每周、每月或每季度调节一次。调节频率越高，节能效果就越好。

在示范建筑 AH 大厦中，运行人员通过编程，设置简单的控制逻辑，使冷水机组出水设定温度根据室外温度变化而变化。在改变冷水机组运行方式的同时，使用温湿度测试仪器，跟踪观察室内温湿度效果，在保证室内效果的前提下，修改并确认上述控制逻辑。该项目中设置输入功率为 700kW 的冷水机组 2 台。按照该控制逻辑运行后，在非满负荷工况下，冷机出水设定温度由 7℃ 上升到 9～10℃，系统运行 COP 提高，平均节电 5%，按照部分负荷运行时间 300h 计算，单台冷水机组可节电 10500kW・h。而该措施未增加任何大型设备，仅增加了一条控制策略。此方案运行方式的转变如图 11-1 所示。

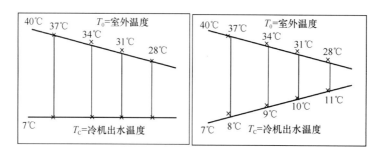

图 11-1　冷水机组运行控制策略优化示意图

2. 保持建筑微正压运行

很多建筑处于负压状态下运行，这可能导致不需要的室外空气通过门窗和缝隙渗入楼内，这些渗入的空气未经过滤或温湿度调节处理，会对室内温度和湿度造成影响，为维持室内温度和湿度的设定点，就需要机组额外地供热或制冷，增加机组负荷。建筑中经常可以看到由于潮湿的空气进入室内，在墙上凝结，并导致霉菌滋生等问题。大厦处于负压状态的迹象包括：大门关闭不严、门口气流过快、室内有湿气凝结等。楼层越高的大楼，越容易出现烟囱效应（由于热空气上升，高层建筑内的气流上升并经由顶层的开口处逸出）。有上述情况出现，就说明该建筑很可能处于负压状态。

修正上述问题，将有助于调节后的空气保留在室内并阻止未经调节的室外空气通过缝隙和门道渗入。如果建筑保持在微正压状态下运行，暖通空调系统就可对空气进行适当的控制，确保对空气进行适当过滤、调节、湿度控制和分送，从而提高室内空气质量。同时，由于不必对负压引起的室外渗入空气进行调节而节约了能源。

如果在通风和空调系统工作的同时打开窗户，可能会改变建筑内的压力，导致需要更多额外的加热/制冷功率来维持建筑的设定温度。因此，此时活动窗户应尽可能关闭，从而避免出现压力问题、产生能源浪费。另外，公共建筑的餐厅也可采取措施对厨房排烟机进行控制，既能降低能耗，又能保证空气质量和室内气压平衡。

若要达到微正压状态，要确认排气口通风阀和进气口通风阀正常工作，确保不会发生造成压差的故障。当确认上述通风阀工作正常之后，调节送风和回风压差、新风进风量和排风率，直至达到微正压状态。

某示范建筑的一层大堂由经常开启平开大门，更改为在上下班高峰时开启平开大门，在平时开启旋转门，减少了室外空气的侵入。通过调节合理匹配新风量和排风量，基本维持大楼对室外的微正压状态，减少了室外无组织的空气的侵入，改善室内热舒适度的同时，实现了节能。

3. 杜绝过度照明，调节照明时间

几乎所有被调研的公共建筑的室内照明均高于所需的照明亮度，将照明强度降低到保证员工有效、舒适工作所需的实际水平，既可节约能源开支，又可提高视觉舒适度。

即使采用了高效照明设备，过度照明也会造成能源浪费，实际上入住者更喜欢降低照明强度，同时当照明强度达到最佳状态，员工的工作效率会提高。通常使用以下方案来改善过度照明：减少照明灯数量：拆去灯具内的灯；更换灯管或镇流器：选择最佳的灯管和镇流器配置；更换灯具：在灯具需要更换或建筑承租人变化时，可调整转换到最佳的灯具类型和数量；安装独立的照明控制装置：允许住户在独立工作区内调低和改变照明强度。

调研中部分建筑在设计中考虑自然光采光，使用了自然采光最大化的外墙及玻璃窗，充分利用了遮阳设施和光电控制器。这些设计特点可减少人工照明的需要，减少白天的照明时间和制冷负载，并减少制冷设备的运行，但此类设计意图并未在建筑实际运行中得以体现。所以，在建筑运行时，员工应首先关掉不必要的照明，测试一下自然采光是否够用，物业管理人员可考虑为窗户附近的照明灯加装灯开关，同时建议楼内住户充分利用自然光。

另外，建筑内有些区域在大楼开放时间内并不是一直使用，为了避免能源浪费，可考虑安装人体感应传感器，可在人员进出时自动开、关灯。

项目某示范建筑将现有 544 只 48W 灯管中的 350 只更换为 28W 灯管，节电量相当于这两个区域先前用电量的 42% 左右。项目组还挖掘了减少非工作时间某些照明系统运行时间的潜力，最后确定：00：00 a.m. 至 7：30 a.m. 期间，大约 75% 的车库照明是没有必要的。通过对楼宇自动控制系统（BAS）的编程将照明区域分为两个部分,分别进行控制。最后将 BAS 的设置确定为:其中160 盏灯关闭 7.5h,120 盏灯关闭 12h。进行照明系统调整后,大厦内这些区域的年用电量又降低了 18%。节能比例如图 11-2 所示。

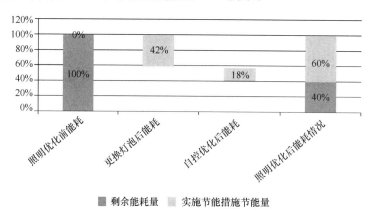

图 11-2 照明系统优化节能示意图

4. 优化车库排风系统

被调研的公共建筑基本都有车库,某些建筑的车库面积占建筑总面积的10%。一氧化碳(CO)是汽车产生的有毒尾气,会在车库中聚积,特别是在地下车库或通风差的车库。因此,许多大厦的车库排风扇都是每天 24h 不间断全速运行,即使是车库里车辆很少或根本没有车辆的情况下也是如此(比如在夜间或周末),浪费了大量能源(尤其是库里没有车辆的时候)。如果车库排风扇的运行能与空气质量的实际需求相匹配,就既能将 CO 浓度维持在对所有人员都安全的水平内,又能达到节省能源、节约费用之目的。

优化车库排风扇运行有多种方法:人工测量 CO 浓度,控制排风扇的运行;采用 CO 传感器,由专人手动控制排风扇的运行;将 CO 传感器与楼宇自动控制系统相连,自动控制风扇运行。

项目某示范酒店车库一直是通过 4 台 37kW 通风扇进行 24h 通风,通过项目组建议安装一氧化碳传感器,可在不需要的时候将风扇关停,安装变频驱动器对风速进行调整,使风扇转速与所需通风量尽可能保持一致,采用此项措施可使风扇能耗减少近 2/3,换言之,日均能耗降低 1600kW·h 以上。改进后的车库通风系统每月用电量减少了 50000kW·h,年节电 600000kW·h,相当于每年节省开支约 387600 元人民币。

5. 清洁盘管和过滤网

参与调研的绝大部分建筑没有定期清洗制热/制冷盘管和过滤网的时间表,盘管和过滤网的维护尤为关键,因为它们是建筑物机械系统与其所影响的环境最直接的交互点，定期清除过滤网和加热/制冷盘管上的灰尘和污渍，对于最大程度地提高加热/制冷效率来说至关重要。

对于酒店建筑，可以考虑在客房停止使用时，对房间内 HVAC 装置的制热/制冷盘管进行清洗。如果要拆卸格栅才能完成清洗工作，则可能需要在完成清洗后修补漆面。建议格栅和墙面分别补漆和干燥，以方便日后清洗工作的进行。总之，建议每月对这些盘管进行清洗，至少使用带有毛刷的吸尘器进行清洁，以确保散热/制冷盘管的热交换效率。

物业管理人员可制订更为积极的盘管和过滤网清洗时间表，并观察随之而来的能源开支节约情况，因为节约的能源开支可能会大于增加清洗频率的成本。此外，考虑储备一些干净的过滤网，这样，在为客户端进行清洁时可以不必当场清洗过滤网。换言之，就是能够轻松地换掉脏过滤网，安装干净的过滤网，然后再统一对更换下来的过滤网进行批量清洗并贮存起来，供下次更换时使用。

项目某示范建筑，通过清洗空气过滤网，极大地改善了室内空气质量，减少了灰尘的侵入。清洗后空气过滤网的流通阻力降低，输送同样风量所需的风机功耗因此降低。清洗后盘管的换热效率也得到了提升，输送同样冷量所需的水泵功耗因此降低，实现节能。

6. 重视建筑能耗数据的处理

收集、展示并分析数据，对数据进行记录能够显示一段时间内能源使用情况的变化，既可以知道初始点和基准线，又能够掌握采取改进措施后的降低的成本、使用和需要情况，还可以由非预期的变化突出需要立即解决的问题。通常，电表账单是开始追踪记录能源使用情况唯一所需的数据。

对数据进行收集、展示并分析的好处有很多。首先能够在早期发现运行中出现的问题；其次能精确地计算节能量和节省的成本；最后可以清晰直观地向建筑业主、住户和潜在住户等展示节能成果。

7. 优化设备运行

优化设备使用时间，即严格控制设备运行时间，在部分使用期间（例如夜间和周末）情况下，管理人员可以采取以下措施来控制设备运行时间：要求住户提出非工作时间服务的需求；住户同意为非工作时间服务支付额外费用；重新调整空间，调高对部分入住和易变化入住部分的控制。

另外管理人员应该根据制订的运行时间表，使用楼宇自控系统控制设备和楼宇系统，利用无成本/低成本核对清单作为控制设备运行时间的工具，使用核对清单，并将设备定时运行任务分配给具体的设备人员，从而有效地控制设备运行时间。

8. 充分利用夜间预冷

充分利用夜间预冷可以在一定程度上减少冷却能耗，大大降低能源使用费用，要求的大气温度仅需比所需室内温度低几度即可，而且同时可以降低设施启动时的电力需求高峰（因为冷却装置可以晚些时候启动）。另外可以在夜间实施预冷，如以下几种简单的准备：

（1）挑选出一天，前晚的温度比室内设定点温度低几度，且湿度在舒适范围内。

（2）在住户上班前几个小时，启动 HVAC 的风扇（而不是制冷设备），使室外空气进入室内。

（3）使用楼宇自控系统，监测室内温度、制冷设备的启动时间和制冷设备的能耗。

（4）在室外条件相似的另外一天，用楼宇自控系统监测室内温度和制冷设备的运行，但不采用室外空气预冷。

（5）在不同的几天，采用这些初步措施。比对预冷方式和常规方案，估算节能潜力。

（6）在不同的几天采取这些措施，对启动时间进行试验，记录室外温度和制冷设备启动工况。

（7）根据这些比较，制定建筑的预冷方式标准。

（8）当室外环境满足标准时，使用楼宇自控系统自动启动预冷工作模式。

（9）持续观察数据，来验证和记录节能效果。

通过以上几个简单的准备可以更有利于夜间预冷的实施，这样可以高效地降低能源成本，达到节能的目的。

9. 利用免费冷却也是一种合理的节能措施

当室外空气温度低于内部设定点温度，开启室外空气风阀，具体做法是在BAS 系统中增加节能器算法，启动风扇，打开空气风阀；或者制订人工测量室内、室外工况，适时打开空气风阀或启动风扇的计划。这样也可以有效地降低能源成本，达到节能的目的。

11.5　案例分析

11.5.1　案例一

项目组对上海地区一个高级办公项目进行了低成本节能技术措施的全程跟踪。该项目位于上海浦东，占地面积 290000m^2，为综合型建筑（写字楼、饭店和商店）。该项目从 2001 年起，通过采用低成本的运营方法以及采取推陈出新的改进措施，成功节约了 20% 的能源消耗。

11.5.1.1　典型项目低成本节能措施

2001 年，该项目组物业管理人员在参加低成本运行管理方法的培训后，开始使用评测工具对该大厦的能源利用状况进行评测。通过交流和沟通，项目组为办公楼物业管理人员提出的可快速实施的低成本节能措施包括：

1. 更换大门

将滑动门更换为旋转门，这样既可以在冬天防止冷空气流入建筑物，又能够在夏天有效防止建筑物内冷气的流失。

2. 水泵变频控制

在所有的承租人冷却系统和冷冻系统中对水泵进行变频控制，保证各台水泵实现按需提供水量。

3. 优化冷冻水和冷却水

根据建筑物外部空气状况和内部利用的分布情况，对冷冻水的出水温度和冷却水的进水温度进行优化调节。

4. 可变式厨房排气系统

在屋内安装温度传感器和光传感器，以此对房间内的热度和烟雾浓度进行探测，从而减少空闲时段和非烹饪时段的空气流动及风扇的能源使用率。

5. 平衡建筑物内的气压

不断对建筑屋内部的气压平衡系统进行优化，以避免已经过调节的空气流走或散失。

11.5.1.2　项目节能成果

通过采取上述低成本和推陈出新的改进措施，在实施上述措施的 3 年内，该大厦成功实现节能 20％，该大厦证明了其所消耗的能源，比相同气候带内其他建筑物的能源消耗要少将近 30％个百分点。该大厦运营中的能源消耗在全球同类可比办公楼中也处于较低水平。节能比例如图 11-3 所示。

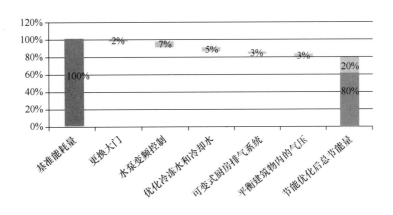

■ 实施节能措施后的节能量

图 11-3　实施典型节能措施节能示意图

11.5.2 案例二

项目组对北京某大厦进行了 VAV 空调系统调适，并进行了相关的节能分析。大厦位于北京市西城区金融街中心，总建筑面积约为 4 万平方米。2010 年项目组对其 VAV 空调系统进行了全面、系统的调适工作。通过对 AHU 机组、VAV 系统以及 VAV BOX 末端的调适，成功地解决了该建筑夏季大范围区域室内制冷效果差、冬季部分楼层室内温度过高、一层大堂温度偏低等问题。

11.5.2.1 典型项目调适措施

调适工作主要包括水系统平衡调适、VAV 送风系统调适以及末端 VAVBOX 的控制调适和再热盘管调适，最终实现了全楼水系统的平衡以及末端的有效控制。具体调适措施有：

1. 系统冷热水管路水平衡调适

首先测试空调机组的水流量，确定各种阀门是否满足要求以及能否正常工作。之后通过检查自控系统，确定自控系统的运行状态是否正常，逻辑关系是否合理。最后测试并调节冷热水管路的水力平衡。

2. 变风量空调机组的性能调适

调适空调机组及相关自控系统，确保空调机组正常运行。调节系统定压点，确定合理静压设定值。同时调适空调机组的各种逻辑关系，使机组合理运行，以此来保证空调机组总风量满足要求。

3. 变风量自控功能调适

对末端的控制进行调适，确保各控制器能进行有效控制。通过自控系统，调适 VAV BOX 的一次风量，确保 VAV BOX 的一次风量和室内温度的设定值、室内温度的测试值及一次风阀的开度的逻辑关系正确。以此保证末端能够准确地进行变风量控制。

4. 变风量末端性能的调适

通过对支路的 VAV BOX 的出风温度及风量的测量和相应的控制效果的检验，从而得出末端性能的实际效果。通过空调机组和自动控制的调适以及相关设备的更新从而提高变风量末端的性能。

11.5.2.2 项目最终成果

通过对该大厦 VAV 空调系统的调适，最终取得以下成果：

经过调适，大厦的空调能耗有了显著减少，其中冬、夏两季能耗较调适前减少约 30%。

夏季室内温度高的问题得到较大改善，部分区域夏季温度从 30℃ 下降到 25℃。

高、低区水力失调情况得到很大改善。高区供水量有了较大提高，高、低区温差较大的现象得到缓解。

　　同楼层部分区域温差较大的情况得到了解决。通过对 VAV BOX 的控制和相关逻辑的改造及调适，使末端由原来的不可控变变为可根据室内情况自行调控。同层区域的温差问题基本消除。

　　一层大堂冬季偏冷的问题得到解决，室内温度从 15℃ 提高到 19℃。

　　租区内冬、夏的室内空气环境得到了很大的改善。调适的效果非常明显。

第 12 章　绿色运行监测指标体系研究

　　绿色建筑，是指在建筑的全寿命周期内，最大限度地节约资源、保护环境和减少污染，为人们提供健康、适用和高效的适用空间，与自然和谐共生的建筑。

　　目前，我国针对绿色建筑的评价标识分为两部分：设计标识和运行标识。其中，设计标识着重强调在设计阶段绿色建筑的相关要求，如节水节能等措施要落实于设计文件和施工图纸上。但在实际施工中，由于多种因素，很多设计说明中所要求的绿色措施并未按照设计文件真正实施，如未实际安装可再生能源利用设备、未选用满足设计要求的节能门窗或暖通设备等。或在后期运行维护时，因管理不当等原因，建筑能耗、水耗大幅提升；各种设备安装不当，无法正常运行；或维护不到位，设备故障，无法使用。这些现象，使建筑运行达不到设计预期效果，绿色建筑评定流于形式，违背了绿色建筑的初衷。

　　为了解决这种问题，绿色建筑运行评价标识应运而生。评价标识要求，绿色建筑的设计要求须真正融入建筑全生命周期中。绿色建筑中各种绿色生态技术的适用性和实际的效果如何，也需要实际检测数据来进行评判。因此绿色建筑运行好坏的唯一评判标准，必须是建筑实际使用、运行中的检测数据。

　　绿色建筑不应只停留在设计、施工过程中。只有建筑在交付后，真正实现绿色运营，才会切实保证绿色技术的实施，达到长期持久的节能、环保效果。而只有通过实际的检测数据，才能真实地反映出绿色建筑的实际节能减排效果。因此，必须加强绿色建筑的实际运行检测，维护国家标准的严肃性，从而规范我国绿色建筑的发展，提升绿色建筑的技术水平和质量。

12.1　相关检测指标

　　在建筑能耗中，国家机关办公建筑和大型公共建筑高耗能的问题日益突出。据统计，国家机关办公建筑和大型公共建筑单位面积年耗电量达到 $70\sim300$ 度，为普通居民住宅的 $10\sim20$ 倍，占全国城镇总耗电量的 22%。以上内容说明了我国实现建筑节能的迫切性，而实现建筑节能的前提是掌握用能情况、了解用能问题。有效的建筑能耗统计可以定量提供建筑物所消费的终端能源的具体数据，定性描述建筑耗能的具体特点，为建筑节能工作打下坚实的基础。这说明，建筑检测应当规范化、平台化。没有统一规划的建筑检测，会直接导致建筑节能工作产生较大的盲目性、随意性。

12.1.1 绿色建筑检测标准

为了推进、规范绿色建筑检测，并为量化绿色建筑评价指标以及绿色建筑技术改进提供实际运行数据，中国城市科学研究会发布了《绿色建筑检测技术标准》CSUS/GBC 05。其中，根据《绿色建筑评价标准》相关要求，针对绿色建筑的检测主要覆盖了以下方面：节地、节能、节水、节材、室内环境质量和运行管理。因此，针对其检测的内容也对应围绕这几方面展开。落实到具体检测项目，主要包括以下方面：

1. 室外环境的检测

该部分检测主要针对建筑项目的选址和绿色施工。要求通过对建筑项目的场地环境进行检测，使用数据监督施工过程，使建筑场地内的施工对外部环境的影响降到最低。同时，也保护项目场地内施工人员和项目业主免受场地内可能存在的污染物的影响。

该部分检测对应《绿色建筑评价标准》中的"节地与室外环境"指标。针对绿色建筑室外环境的检测包括：场地土壤氡浓度检测、场地周围电磁辐射检测、施工场地污废水排放检测、施工场地废气排放检测、光污染检测、环境噪声检测、住区热岛强度检测。

2. 室内环境的检测

该部分检测项目针对的是建筑项目的室内环境指标。保证建筑实际运行时，业主能享受到符合绿色建筑设计要求的室内各类环境指标，如温湿度、新风量、噪声、采光等。

该部分主要对应《绿色建筑评价标准》中的"室内环境质量"指标，包括室内新风量测试、室内空气污染物浓度检测、室内背景噪声检测、楼板和分户墙空气声隔声性能检测、楼板撞击声隔声性能检测、拔风井自然通风效果检测、无动力拔风帽自然通风效果检测、室内采光系数检测、导光筒自然采光效果检测、室内温湿度及风速检测、屋顶及东西墙内表面温度检测、屋内空气质量监测与控制装置检测。

3. 围护结构热工性能的检测

检测对象为建筑的围护结构，如外墙、屋顶、外窗等与外部空气直接接触的建筑部分。围护结构对建筑的冷热负荷影响很大，如果围护结构未能达到设计要求，甚至相差很大，将使建筑运行时的采暖制冷能耗需求大大增加，从而加大建筑的碳排放，不利于环境保护，绿色建筑更无从谈起。

4. 暖通空调系统性能的检测

该项检测专注于建筑暖通空调系统实际运行性能的测试。建筑的暖通空调是实现建筑节能的关键切入点。通过调整工作模式，调节运行参数，可以发现需要改善的设备节能点。改进后，暖通空调设备的用能减少，使建筑用于通风、制冷、采暖的能耗得到有效降低。

以上两个检测项目，共同对应《绿色建筑评价标准》中的"节能与能源利用"指标。前者包括非透光围护结构热工性能检测、透光外围护结构热工性能检测、外窗气密性能检测。后者包括冷热源机组实际能效比检测、冷源系统能效比检测、水泵效率检测、水系统供回水温差检测、集中采暖系统热水循环泵耗电输热比检测、冷热水输送能效比检测、分项计量检测、风机单位风量耗功率检测、定风量系统平衡率检测、锅炉热效率检测、空调余热回收装置热回收效率检测、热电冷三联供系统性能检测。

5. 给水排水系统的检测

通过对建筑给水和排水系统的测试，证明给排水系统运行正常，满足设计要求和业主日常用水需求。

该项目对应《绿色建筑评价标准》中的"节水与水资源利用"以及"运营管理"部分指标。检测项目包括传统水源进出水水质检测、污水排放水质检测、建筑管道漏损量检测、生活给水系统入户管表前供水压力检测。

6. 供配电与照明系统的检测

主要检测建筑的强弱电系统和内部照明。良好合理的照明设计可以在满足业主需求的同时有效减少照明能耗，从而达到绿色建筑节能率的要求。

7. 可再生能源系统性能的检测

该项检测主要针对各可再生能源设备的系统检测。由于市场、技术、环境等多方面因素，可再生能源系统在国内推广有一定难度，也缺乏专业的运营维护人员。因此，在实际安装和运行中，经常出现实际性能远低于名义性能的情况。对实际可再生能源系统性能的测试可了解系统安装是否合理，是否真的达到了充分利用可再生能源、节约传统能源的设计目的。

以上两部分检测对应《绿色建筑评价标准》中的"节能与能源利用"指标。这两部分检测项目包括分项计量电能回路用电量校核检测、照度值检测、一般显色性指数检测、功率密度值检测、灯具效率检测、太阳能热利用系统检测、太阳能光伏系统性能测试以及地源热泵系统性能测试。

8. 监测与控制系统性能的检测

针对建筑的运行情况，不只需要短时间的检测，还需要长期的监测。因此，建筑还需安装监测与控制系统，在收集建筑运行数据的同时，还可通过集中系统控制各终端设备。所以，该标准还规定了针对监测与控制系统性能的检测。

该部分主要针对《绿色建筑评价标准》中的"运营管理"这一指标。该检测措施包括活动外遮阳监控系统性能检测、送（回）风温湿度监控系统性能检测、空调冷源水系统压差监控系统性能检测、照明及动力设备监控系统性能检测、室内空气质量监控系统性能检测、安全防范系统性能检测、信息网络系统性能检测。

　　此外，"运营管理"指标中，还鼓励应用信息化手段进行物业管理，并尽可能完整记录建筑工程、设施、设备、部品、能耗等运行信息和数据。因此，还需要进行对建筑年采暖空调能耗和总能耗的检测。包括建筑年采暖空调能耗检测、居住建筑年总能耗检测、公共建筑年总能耗检测、绿色建筑节能量测量和验证以及绿色建筑温室气体排放计量。

12.1.2　标准对应

《绿色建筑检测技术标准》与《绿色建筑评价标准》对照　　　表 12-1

检测项目		对应《绿色建筑评价标准》条目		控制项
室外环境检测	场地土壤氡浓度检测	4.1.2	场地内应无电磁辐射、含氡土壤等危害	Y
	场地周围电磁辐射检测			Y
	施工场地污水废水排放检测	4.1.3	场地内不应有排放超标的污染源	Y
	施工场地废气排放检测			Y
	光污染检测	4.2.4	建筑及照明设计避免产生光污染	—
	环境噪声检测	4.2.5	场地内环境噪声符合现行国家标准《声环境质量标准》GB 3096 的有关规定	—
	住区热岛强度检测	4.2.7	采取措施降低热岛强度	—
室内环境检测	室内新风量测试	8.2.10	改善自然通风效果	—
	室内空气污染物浓度检测	8.1.7	室内空气中污染物浓度应符合现行国家标准《室内空气质量标准》GB/T 18883 的有关规定	Y
	室内背景噪声检测	8.1.1 8.2.1	主要功能房间的室内噪声级应满足现行国家标准《民用建筑隔声设计规范》GB 50118 中的低限要求	Y
	楼板和分户墙空气声隔声性能检测	8.1.2 8.2.2	隔声性能应满足现行国家标准《民用建筑隔声设计规范》中的低限要求	Y
	楼板撞击声隔声性能检测			
	拔风井自然通风效果检测	8.2.10	改善自然通风效果	—
	无动力拔风帽自然通风效果检测			
	室内采光系数检测	8.2.6	主要功能房间的采光系数满足现行国家标准《建筑采光设计标准》GB 5033 的要求	—
	导光筒自然采光效果检测	8.2.7	改善建筑室内天然采光效果	—
	室内温湿度及风速检测	8.2.11	气流组织合理	—
	屋顶及东西墙内表面温度检测	8.1.6	隔热性能满足现行国家标准《民用建筑热工设计规范》GB 50176 的要求	Y
	屋内空气质量监测与控制装置检测	8.2.12	主要功能房间中人员密度较高且随时间变化大的区域设置室内空气质量监控系统	—

续表

检测项目		对应《绿色建筑评价标准》条目		控制项
围护结构热工性能检测	非透光围护结构热工性能检测	5.2.3	围护结构热工性能指标优于国家现行相关建筑节能设计标准的规定	
	透光外围护结构热工性能检测			
	外窗气密性能检测			
给水排水系统性能检测	传统水源进出水水质检测	10.1.3	运行过程中产生的废气、污水等污染物应达标排放	Y
	污水排放水质检测			
	建筑管道漏损量检测	6.2.2	采取有效措施避免管网破损	—
	生活给水系统入户管表前供水压力检测	6.2.3	给水系统无超压出流现象	—
暖通空调系统性能检测	冷热源机组实际能效比检测	5.2.4	优于现行国家标准的规定及要求	—
	冷源系统能效比检测			
	水泵效率检测	5.2.5	符合《公共建筑节能设计标准》GB 50189 的有关规定	—
	水系统供回水温差检测			
	集中采暖系统热水循环泵耗电输热比检测			
	冷热水输送能效比检测			
	分项计量检测	5.1.3	各部分能耗应进行独立分项计量	Y
	风机单位风量耗功率检测	5.2.5	比《民用建筑供暖通风与空气调节设计规范》GB 50736 规定值低 20%	—
	定风量系统平衡率检测	5.2.6	合理选择和优化暖通空调系统	—
	锅炉热效率检测	5.2.4	优于现行国家标准的规定及要求	—
	空调余热回收装置热回收效率检测	5.2.13	排风能量回收系统设计合理并运行可靠	—
	热电冷三联供系统性能检测	5.2.4	优于现行国家标准的规定及要求	—
供配电与照明系统检测	分项计量电能回路用电量校核检测	5.1.3	各部分能耗应进行独立分项计量	—
	照度值检测	5.1.4 5.2.10	各房间或场所的照明功率密度不应高于现行国家标准《建筑照明设计标准》GB 50034 中规定的现行值	Y
	一般显色性指数检测			
	功率密度值检测			
	灯具效率检测			

检测项目		对应《绿色建筑评价标准》条目		控制项
可再生能源系	太阳能热利用系统检测	5.2.16	根据当地气候和自然资源条件，合理利用可再生能源	—
	太阳能光伏系统性能测试			
	地源热泵系统性能测试			
监测与控制系统性能的检测	活动外遮阳监控系统性能检测	10.1.5 10.2.5 10.2.8 10.2.9	供暖、通风、空调照明灯设备的自动监控系统应工作正常，且运行记录完整。 定期检查、调适公共设施设备，并根据运行检测数据进行设备系统的运行优化。 智能化系统的运行效果满足建筑运行与管理的要求。 应用信息化手段进行物业管理，建筑工程、设施、设备、部品、能耗等档案及记录齐全	—
	送（回）风温湿度监控系统性能检测			
	空调冷源水系统压差监控系统性能检测			
	照明及动力设备监控系统性能检测			
	室内空气质量监控系统性能检测			
	安全防范系统性能检测			
	信息网络系统性能检测			
建筑年采暖空调能耗	建筑年采暖空调能耗检测			
	居住建筑年总能耗检测			
	公共建筑年总能耗检测			
绿色建筑节能量测量和验证				
绿色建筑温室气体排放计量				

　　由上表可见，《绿色建筑检测技术标准》中的检测项目，基本覆盖了绿色建筑的全生命周期。同时，也基本囊括了《绿色建筑评价标准》中的大部分评估条目。从施工阶段到后期的运行维护，该标准都提供了统一规范的检测依据和方法，为绿色建筑运行情况评价提供数据支持，正确客观地评价参评建筑。

12.2　监测指标研究

　　虽然经过多年节能改造，但由于用途的特点，大型公共建筑的单位面积能耗依然远高于普通居民住宅。为了进一步降低大型公共建筑的能耗，除了采取各种节能改造措施外，还应提升公共建筑的运行管理水平。只有建立一套行之有效的建筑运行监测平台，掌握建筑能耗情况，了解存在的管理问题，才能为建筑节能提供良好的基础，以实施更有针对性的建筑节能措施。同时，为了方便对建筑能耗进行统一评价并建立评价体系，建筑能耗监测系统应进一步规范化。
　　因此，可参考《绿色建筑评价标准》，对绿色建筑监测系统规范化，并对绿色建筑评价指标进行量化。根据《绿色建筑评价标准》，绿色建筑监测主要分为：节地、节能、节水、节材、室内环境质量和运行管理六方面。所以，在具体实施时，应主要对以下方面进行监测评价。

12.2.1　室外环境的监测

建筑施工阶段所产生的各种污染如噪声、污水、废气等如果处理不当，会造成室外环境污染。倘若治理不当，还会影响建筑本身，造成后期住户投诉。此外，室外环境也会影响建筑的能耗情况，比如外界温度过高，会使建筑冷负荷增大，导致其制冷能耗上升。因此，需要从建筑施工阶段就开始进行监测，监督施工过程，尽可能降低建筑施工对外部环境的影响。同时，也可保护场址内施工人员和后期业主免受外界污染的影响。

此部分监测对应《绿色建筑评价标准》中的"节地与室外环境"章节，主要关注室外空气品质和光污染。

1. 室外空气质量监测

如今，空气污染逐渐成为公众关心的一项重要的环保指标。而城市内工地防护不利所导致的扬尘是室内空气污染的一项重要来源。为了保护和改善施工场地周围环境，保障人体健康，也为了防治大气污染，须对建筑周围和施工场地周围排放的废气进行监测。

在对建筑周围室外空气质量、施工场地周围空气质量进行检测时，应在其周围布4个测点，主要测量二氧化硫、二氧化氮、一氧化碳、PM10、PM2.5浓度。

排放浓度是否合格可按《环境空气质量标准》GB 3095进行判断。

2. 光污染监测

为了增加夜间城市的魅力，丰富人们的夜间生活，越来越多的建筑选择使用装饰性照明。但不适宜的照明会产生光污染，影响人类和动物、植物的生物钟，导致生态被破坏。为了做到先进、合理、节约地使用能源、保护环境，应鼓励使用绿色照明，对建筑项目进行光污染的检测。

查看室外景观照明图纸并核查建筑光污染相关检测报告。在实际检测时，应测量照度值、亮度值、眩光值、玻璃幕墙反射比。

绿色建筑施工场地光污染评价可核查相关控制文档；绿色建筑运行光污染评价是否合格应按照《城市夜景照明设计规范》JGJ/T 163进行判断；玻璃幕墙反射比要小于0.3。

12.2.2　室内环境的监测

建筑室内环境与建筑能耗息息相关，正是为了维持建筑内环境，使各内环境指标符合设计要求，才会产生各种能耗。通过监测建筑内环境，不仅可以了解实时建筑为维持内环境所产生的能耗情况，还可保证建筑运行时各种室内环境指标，比如温湿度、新风量、噪声、采光等，都符合绿色建筑设计要求。

此部分监测对应评价标准的"室内环境质量"章节，包括室内新风量监测、室内空气污染物浓度监测、室内背景噪声监测、室内温湿度及风速监测以及室内空气质量监测与控制装置监测。

1. 室内新风量监测

室内空气污染对人体危害最大。去除室内污染空气有多种方法，室内新风是最有效的手段之一。新风通过直接向室内引入经过处理、洁净的空气，排出室内已有污浊空气，对改善室内空气品质起着比其他因素更为重要的作用，通入新风可改善用户居住环境，提高生活质量。因此，需要对室内新风量进行测试，以保证实际新风量满足设计要求。

测量室内新风指标包含平均动压 P、大气压力 B、空气温度 T、断面面积 S。不同形状风管测量方法不同，需根据实际情况进行测试。

如果新风量测量结果与设计值的偏差在 $\pm10\%$ 以内，可判定合格。

2. 室内空气污染物浓度监测

室内装修装饰材料所散发的有机物，如甲醛、苯、氨等，是室内空气污染的主要、也是危害最严重的来源。为了预防和控制民用建筑工程中建筑材料、装修材料产生的室内环境污染，保障公众健康，维护业主利益，需要对室内污染物浓度进行监测。

室内污染物监测指标有甲醛浓度、苯浓度、氨浓度、TVOC 浓度（表12-2）。

民用建筑工程室内环境污染物浓度限值　　　　　表 12-2

污染物（mg/m³）	I 类民用建筑工程	II 类民用建筑工程
甲醛	≤0.08	≤0.1
苯	≤0.09	≤0.09
氨	≤0.2	≤0.2
TVOC	≤0.5	≤0.6

3. 室内背景噪声监测

较强的噪声对人的生理与心理会产生不良影响。在日常工作和生活环境中，噪声主要造成听力损失，干扰谈话、思考、休息和睡眠。随着经济发展，交通工具、民用建筑设备增多，噪声源也随之增加，为了减少民用建筑受噪声的影响，保证室内良好的声学环境，需要对建筑物进行噪声检测。

室内背景噪声监测以建筑类型加以区分，根据建筑类型的要求进行昼间、夜间及全天噪声监测。监测结果是否合格按照《民用建筑隔声设计规范》GB 50118 进行判断。

4. 室内温湿度及风速监测

室内的温度、湿度是建筑内环境的重要指标。室内温度需要保持在适宜范围内。室温过高会使人感到闷热难受，令人精神不振、头昏脑涨，昏昏欲睡；室内温度过低，人体散热过快，会促使人体不断地增加产热量，大大地消耗人体体能。此外，室内的温度、湿度不但对人体健康有影响，对建筑能耗也有直接影响。冬季过度采暖、夏季过度制冷，均会产生大量不必要的能源消耗。因此，应该经常注意调整，使室内保持适宜的温度和湿度。

在进行室内温湿度监测时，需监测建筑内主要功能房间。房间内温湿度测点数与房间的类型及面积有关。

温湿度监测结果应满足设计要求，或符合规范《采暖通风与空气调节设计规范》GB 50019 中的相关要求。

5. 室内空气质量监测与控制装置监测

建筑室内环境情况需要通过各种监测措施来保证实际运行时各环境参数满足设计要求，但室内环境时刻处于变化中，因此需要长期、持续性的监测。在绿色建筑中，还要求建筑内各暖通空调终端设备可根据实时监测结果进行启停，使建筑室内环境一直处于动态稳定状态。因此，需要对室内环境各参数，尤其与人身安全最密切相关的空气质量进行持续监测。要求当空气质量出现问题时，控制装置会自动切换各空气调节装置的启停状态。

在实际监测时，可以模拟室内空气质量出现扰动（如产生烟雾），验证自动监控设备是否可以控制终端设备启停，以调节室内空气质量至正常水平。

12.2.3　暖通空调系统性能的监测

作为建筑能耗的主要组成部分，暖通空调系统能耗一直是绿色建筑节能的关注重点。因此，通过监测暖通空调系统的各个运行参数，可以发现系统运行特点，发现需要改进的节能点，辅以专业检测调适技术，可以使建筑暖通空调系统效率得到提升，通风、制冷、采暖的能耗得以降低。

暖通空调系统性能监测包括冷热源机组实际能效比监测、冷源系统能效比监测、水泵效率监测、水系统供回水温差监测、集中采暖系统热水循环泵耗电输热比监测等。

1. 冷热源机组实际能效比监测

在大型公共建筑和部分住宅建筑中，普遍采用空调水系统。空调水系统以水为介质在空调与建筑物之间和建筑物内部进行冷量或热量的传递，要了解整体系统性能参数，应以冷热源机组为重点切入口，判断其实际运行情况的评价指标是能效比。

能效比（Energy Efficiency Ratio，EER）作为衡量各种冷热源设备节能与否的一个重要指标，日益受到业界人士的重视。生产厂家通过不断改进工艺，运用新技术，来提高设备的能效比。同时，用户也可以利用能效比，对制冷设备进行直接、简单的比较选择。在实际运行中，冷热源设备的运行效能与当地的气候条件有直接关系，显然这种标准测定条件的划分，只能建立对制冷设备的统一测试条件，而很难对制冷设备实际运行能效比进行客观评判。

监测冷热源机组实际能效比，指标包含冷水进出口平均温度、冷水平均流量、冷水平均密度、冷水平均定压比热和机组输入功率（或燃气消耗量）。

2. 冷源系统能效比监测

在所有民用建筑中，大型公共建筑能耗水平最高，而在大型公建的能耗构成中，空调能耗约占建筑能耗的50％。因此公共建筑中央空调系统能耗问题越来越受到人们的重视。冷源系统能耗一般占空调系统总能耗的40％～60％。因此如何提高冷源系统运行效率、降低冷源系统的能耗，对于建筑节能非常重要。而判断冷源系统运行效率的重要指标就是冷源系统的能效比，所以，需对冷源系统能效比进行持续监测，以了解冷源系统的实时运行状态，对扰动及时做出调整。

冷源系统能效比监测指标包含：冷水进出口平均温度、冷水平均流量、冷水平均密度、冷水平均定压比，热冷水机组、冷水泵、冷却塔和冷却风机输入功率。

3. 水泵效率监测

在暖通空调系统中，水泵的能耗也是监测指标，包括水泵平均水流量、水密度、水泵进出口压力和水泵输入功率。压力点设在进出口压力表处。此监测为采暖空调水系统监测内容。

4. 水系统供回水温差监测

水系统供回水温差测量指标包括供水温度和回水温度，冷水机组供回水温度应同时测量，减少误差。此监测为采暖空调水系统监测内容。

5. 集中采暖系统热水循环泵耗电输热比监测

集中采暖系统热水循环泵耗电输热比监测指标包括监测时间耗电量、实际日供热量、循环平均水量、采暖设计供回水温差、设计日供热量。

12.2.4 供配电与照明系统的监测

建筑能耗另一主要组成部分是建筑内部照明用电。通过监测建筑的强弱电系统，尤其内部照明，可以达到在满足业主需求的同时有效减少照明能耗，从而满足绿色建筑节能率的相关要求。

12.2.5　可再生能源系统性能的监测

可再生能源系统由于市场、技术、环境等多方面因素影响，推广存在一定难度。因此，市场上也缺乏与其相配套的专业安装、运维人员。因此，在实际安装和运行中，经常出现可再生能源系统实际性能远低于名义性能的情况。

针对这种情况，应监测可再生能源系统的各种性能参数，以了解系统运行是否正常，是否真的达到了充分利用可再生能源、节约传统能源的设计目的。

12.2.6　监测与控制系统性能的监测

以上所介绍的监测内容，均非短时间的检测，而是持续时间较长的监测。另一方面，当前很多厂家将监控系统与楼宇自控系统相结合，以降低设备初投资，提升市场竞争力，因此，还需要对建筑监测与控制系统的运行状态进行监测，以保证其在满足设计要求的同时，可靠地运行。此外，还应鼓励施工单位和物业人员使用信息化手段进行管理，培养信息化运维人员，并尽可能完整地记录建筑工程、设施、设备、部品、能耗等运行信息和数据。

12.3　监测平台构建

关于绿色建筑检测的指标研究，参照绿色建筑检测标准，以及在绿色建筑运行阶段检测中积累的实际经验，可以发现：与常规的建筑检测相比，绿色建筑运行检测有检测内容广泛、检测工况复杂、检测周期跨度时间长的特点。因此，传统检测手段应用于绿色建筑检测领域会出现不少问题和困难。

12.3.1　虚拟仪器技术

从 20 世纪 80 年代开始，随着计算机技术和自动测量技术的迅猛发展，基于计算机的自动测量技术（PC-Based Test & Measurement）渐渐成为测量领域的主流，越来越多的工程师进行基于计算机的数据采集应用。所谓的数据采集是指将一块基于 IAS（Industrial Application Server）的板卡接入工业计算机或商用机上，将外部信号通过导线引至计算机的端子上，然后接入数据采集卡，通过定制的软件就可以进行采集。数据采集的优点是成本较低、速度快、运算能力与通信能力强、易于使用、灵活多变。

虚拟仪器技术（Virtual Instrument Technology）则是在这种环境下应运而生。虚拟仪器技术是由美国国家仪器公司（National Instruments，NI）在 1986 年提出的一种构成仪器系统的新概念，其基本思想是：用计算机资源取代传统仪器中的输入、处理和输出等部分，实现仪器硬件核心部分的模块化和最小化，用计算机软件和仪器软面板实现仪器的测量和控制功能。即在测试系统或仪器设计中尽可能地用软件代替硬件，即"软件就是仪器"。也就是说，虚拟仪器技术利用高性能的模块化硬件，结合高效灵活的软件来完成各种测试、测量和自动化的应用。虚拟仪器包括高效的软件、模块化 I/O 硬件和用于集成的软硬件平台这三大组成部分，具有技术性能高、扩展性强、开发时间少以及出色集成这四大优势。灵活高效的软件能帮助用户创建完全自定义的用户界面，模块化的硬件能方便地为用户提供全方位的系统集成，标准的软硬件平台能满足用户对同步和定时应用的需求。

软件是虚拟仪器技术中最重要的部分。使用正确的软件工具并通过设计或调用特定的程序模块，工程师和科学家们可以高效地创建自己的应用以及友好的人机交互界面。有了功能强大的软件，就可以在仪器中实现智能性和决策功能，从而发挥虚拟仪器技术在测试应用中的强大优势。

I/O 硬件系统是虚拟仪器的硬件支撑。面对如今日益复杂的测试测量应用，各种各样的测试产品可以提供全方位的软硬件解决方案。硬件产品结合灵活的开发软件，可以为负责测试和设计工作的工程师们创建完全自定义的测量系统，满足各种独特的应用要求。

虚拟仪器技术突破了传统电子仪器以硬件为主体的模式，将日益普及的计算机技术与传统的仪器仪表技术结合起来，使用户在操作计算机时，如同在操作自己定义的仪器，可以方便灵活地完成对被测试量的采集、分析、判断、显示及数据存储等，是一种基于计算机虚拟原型系统的全新的科学研究与工程设计方法，是除理论与实物试验之外的第三种研究设计手段和形式。虚拟仪器技术充分利用了最新的计算机技术来实现和扩展传统仪器的功能。

使用虚拟仪器技术，工程师们及测试人员可以利用图形化开发软件来创建完全自定义的解决方案，以满足他们的特殊需要——这完全不同于专门的、只有特定功能的传统仪器。另外，虚拟仪器技术利用了个人电脑日益增强的功能。例如，在测试、测量和控制应用中，工程师已经使用虚拟仪器技术减小了自动化测试设备（ATE）的尺寸，同时使工作效率提升十倍之多，而成本只相当于传统仪器解决方案的一小部分。

传统测试仪器是由制造厂商把所有软件和测量电路封装在一起，并利用仪器前面板为用户提供一组有限的功能，比如示波器、逻辑分析仪、信号发生器、频谱分析仪等。而虚拟仪器系统提供的则是完成测量或控制任务所需的所有软件和硬件设备，功能完全由用户自定义。此外，利用虚拟仪器计数，工程师和科学家们还可以使用高效且功能强大的软件来自定义采集、分析、存储、共享和显示功能。在仪器计量系统方面，示波器、频谱仪、信号发生器、逻辑分析仪、电压电流表是科研机关、企业研发实验室、大专院所的必备测量设备。随着计算机技术在测绘系统的广泛应用，传统的仪器设备缺乏相应的计算机接口，因而配合数据采集及数据处理十分困难。而且，传统仪器体积相对庞大，多种数据测量时常感到捉襟见肘，手足无措。我们常见到硬件工程师的工作台上堆砌着纷乱的仪器、交错的线缆和繁多待测器件。然而在集成的虚拟测量系统中，我们见到的是整洁的桌面，条理的操作，不但使测量人员从繁复的仪器堆中解放出来，而且还可实现自动测量、自动记录、自动数据处理。其方便之极固不必多言，而设备成本的大幅降低却不可不提。一套完整的实验测量设备少则几万元，多则几十万元。在同等的性能条件下，相应的虚拟仪器价格要低 50% 甚至更多。虚拟仪器强大的功能和价格优势，使得它在仪器计量领域具有很强的生命力和十分广阔的前景。

随着计算机技术的不断发展以及各个厂家不同形式的现场总线方式的提出，虚拟仪器也随之有了相应的发展，具体可分为以下 5 种类型：

1. 基于 PC 总线型的虚拟仪器

这种类型的虚拟仪器是指通过向计算机内部主板的对应插槽中插入专用的数据采集卡，并与安装的专用虚拟仪器软件（如 Lab VIEW 等）相结合的方式，由用户组建适合自己使用的虚拟仪器。它充分利用计算机内部的总线、机箱、电源等硬件设备，使用系统安装的软件简便搭建虚拟仪器。

由于这种类型的虚拟仪器受计算机机箱与总线插槽的限制，以及机箱内部的噪声电平、插槽尺寸等因素的影响，组装与开发这类虚拟仪器费用较高，因此这类虚拟仪器目前已经淘汰。

2. 基于串口总线型的虚拟仪器

串口总线型的虚拟仪器是指一系列可连接到计算机并行串口的测试装置，他们把仪器硬件集成在一个集中式的采集盒内。RS-232 总线是早期采用的 PC 通用串行总线，适合于单台仪器与计算机的连接，故其控制性能较差。仪器软件装在计算机上，通常可以完成各种测量测试仪器的功能，他们的优点是可以与笔记本相连接，携带方便，方便现场实际检测，受到广泛应用。但由于 USB 总线目前只用于较简单的测试系统，从而在采用虚拟组件自动测量系统时，目前最常用的是 IEEE1394 高速串行总线，其传输速度最高可达到 100Mbit/s。

3. GPIB 总线方式的虚拟仪器

GPIB 技术是计算机和仪器间的标准通信协议，同时也是发展最早的仪器总线。一个典型的 GPIB 测试系统包括 1 台计算机、1 块 GPIB 接口卡和诸多 GPIB 仪器，每台 GPIB 仪器有单独的设备地址，由计算机进行地址识别并控制操作。1 块 GPIB 接口卡最多可连接 15 台 GPIB 仪器。GPIB 总线的虚拟仪器就是通过这块 GPIB 接口卡插入计算机的插槽中，从而建立起计算机与具有 GPIB 接口的仪器设备之间的通信桥梁。

基于 GPIB 接口技术，可方便地实现计算机对仪器的操作与控制，从而替代传统的人工操作方式；简便地将多台 GPIB 接口仪器进行组合，形成较大规模的自动测量系统；同时由于 GPIB 测量系统的结构和命令简单，主要应用于台式仪器。

由于 GPIB 总线的数据传输速度一般低于 500kbit/s，因此不适用于有实时性要求和高速测试要求的系统应用。

4. 基于 VXI 总线的虚拟仪器

VXI 总线是一种高速计算机总线 VME 总线在 VI 领域的扩展，它具有稳定的电源、强有力的冷却能力和严格的 RFI/EMI 屏蔽。VXI 系统由 VXI 标准机箱、零槽控制器、具有多种功能的模块仪器和驱动软件、系统应用软件等组成。VXI 总线最多可包含 256 个模块，系统中各功能模块可随意变换、即插即用组成新的系统。

由于 VXI 总线的标准开放、结构紧凑、数据吞吐能力强、定时和同步精确、模块可重复利用及众多仪器生产厂家支持等优点，其应用范围越来越广。经过多年发展，VXI 系统的组建和使用越来越方便，尤其是组建中、大型规模的自动测量系统以及对速度、精度都有非常高的要求的场合，VXI 系统具有其他仪器无法比拟的优势。然而组建 VXI 总线要求有机箱、零槽管理器及嵌入式控制器等，因此造价较高。

5. 基于 PXI 总线的虚拟仪器

NI 公司于 1997 年推出了 PXI 控制方案，它是 PCI 总线内核技术增加了成熟的技术规范和要求形成的新的基于 PCI 总线的开放式、模块化仪器总线规范。其核心是 Compact PCI 结构和 Microsoft Windows 软件。

基于 PXI 总线的虚拟仪器是可应用在绿色建筑现场检测系统的专用测量设备，较数据采集器仪、虚拟仪器具有更广的发展空间。由于空调系统现场检测任务具有多变性和复杂性，以及在数据处理、人机对话界面等方面的不同要求，虚拟仪器有着传统采集器仪无法比拟的优势。由于行业特点，绿色建筑现场检测任务既是复杂多变的，又是单项专一的。在测试过程中，我们要求所使用的测试仪器既有通用方面的要求，又有针对每次测试的专业要求。因此，就要求测试仪器既是通用的，又是专属的。

12.3.2 分布式通用绿色建筑检测平台

在绿色建筑的现场检测中，由于测试参数、测试精度等的多变特性，在复杂的测试工作中，需要大量功能单一、专业性强的传统测试设备。基于传统数字万用表的通用测试模块存在接口单一、可扩展性能差、控制能力较弱、自动化程度较差、二次开发受限及驱动不完善、测试成本较高、搭建现场测试系统工作量大等缺点，而基于数据采集卡的通用型测试模块具有即插即用、灵活多变、二次开发能力强、驱动丰富、系统可扩展性能强、功能多样化、控制能力强、自动化程度高、数据处理能力强、测试成本低、可供选择品种多样、可选择性大等优点。基于数据采集卡通用测试模块系统的虚拟仪器就成了绿色建筑现场检测仪器的首选。

为了克服现有技术的不足，我们开发了一款分布式通用绿色建筑检测平台。该平台可大大降低绿色建筑现场检测的复杂度。这款分布式通用型检测仪平台可替换目前广泛使用的绿色建筑现场检测的各类专属检测仪器，可以有效地降低绿色建筑现场检测的硬件成本，提高测试的精度，降低工作复杂度，从而快速简洁而高效地完成绿色建筑的现场检测。

简单来说，该平台分为中央分析软件和分布式检测硬件两部分。分布式通用型检测仪器可配置多种接口，连接多个、多种现有的底层测量传感器。该款通用型检测仪器可以无线分布式布置，可灵活根据不同的绿色建筑检测现场和不同的检测要求，按照需求选择合适的底层传感器。之后，设定检测参数，测试传感器，并通过无线传输方式将分布式通用型检测仪器的参数实时上传至独立式上位接收主机。

分布式通用绿色建筑检测平台物理硬件可分为以下部分：通用型分布模拟量采集模块、通信转换模块、现场物理参数采集传感器（含变送器）、无线发送模块、无线接收模块。

通用型分布模拟量采集模块可连接多种现场测量所需的传感器或采集器，将现场所采集的模拟量信号转化为可编码、可传输的数字量信号。

通信转换模块用于对现场通过协议通信的 I/O 设备数据的读取，如读取用于测量设备能耗参数的电力采集模块，可按照预先设定的通信协议，将采集模块的数据编码交由无线发射模块发送至上位机进行再处理。

无线发射模块和无线接收模块担负了此绿色建筑检测平台的通信功能，使现场检测设备可按照实际需要，灵活分布安装于各测点，并省去了繁杂的布线施工工作。

独立式上位接收主机通过可插拔 USB 接口的无线接收模块与通用型模拟量采集模块通信，接收由分布于各处的通用型采集模块使用无线发送模块所上传的各种现场采集模拟量信号，在绿色建筑现场检测评价软件中将各采集参数信号进行集总处理与评价展示。

运用分布式通用绿色建筑检测平台进行绿色建筑现场检测时，首先根据现场环境及检测要求，明确待测参数的类型、对应标准的章节内容以及测量点数量，并明确参数配置、数据展示、数据分析、测试结果和测评结果输出要求；然后根据测试要求选择参数检测专用传感器和所需的通用型模拟量测试模块；进入绿色建筑检测现场后，分别布置传感器和通用型模拟量测试模块于测量参数现场，并通过位于独立式上位机接收主机中的绿色建筑现场检测评价软件，对现场各无线发送模块进行详细的配置并与该主机进行无线连接；然后根据测试要求及标准规范评价指标内容在绿色建筑现场检测评价软件中进行详细的检测参数设置，从而建立集现场检测、无线传输、上位机展示为一体的绿色建筑分布式通用型现场检测平台。检测过程中，可以根据测试需要便捷地增加或者减少测点数量，改变测点类型。

与现有建筑检测设备相比，分布式通用绿色建筑检测平台的优点是：

分布式通用绿色建筑检测平台，具有高度的灵活性与通用性，针对绿色建筑不同的现场检测要求，使用分布式绿色建筑模块化通用检测仪中的通用型模拟量采集模块，可自由搭建出不同的测试参数系统，在提高测试系统适用性的同时，又大大缩短了采购开发测试系统的时间，提高了检测效率。同时，与传统的现场检测技术相比，本实用新型述及的方法无需对每个测试任务重复购置硬件，无需对每个测试人员都进行操作培训，大大降低了现场检测的硬件成本和人员成本。本实用新型述及的分布式绿色建筑模块化通用检测仪具备系统可扩展性，检测人员可根据检测需要对系统进行扩展，具有传统检测仪器所不具备的简便操作使用的性能。

此外，在传统现场检测中，通常将检测任务分集成若干测试子任务，分别进行检测，不但增加了检测时间，降低了检测效率，同时使得数据处理缓慢，很难形成现场结论。而本实用新型述及的通用检测模块系统极大地提高了系统的自动化程度，使得检测过程中检测数据即时可查，检测结论可当场出具，检测可信度大为增强。

如图 12-1 所示，其为分布式通用绿色建筑检测平台的上位机和通用型模拟量检测模块样机图。

该平台系统包括：独立式上位接收主机、无线接收模块和无线发送模块（图12-2）、通用型模拟量采集模块、通信转换模块、现场物理参数采集传感器（含变送器）。

图 12-1　分布式通用绿色建筑检测平台上位机

图 12-2　分布式通用绿色建筑检测平台的集成
无线发送模块和通用型模拟量检测模块

其中，现场物理参数采集传感器是根据《绿色建筑检测技术标准》中相关的检测要求而开发制作的统一信号输出型的标准化传感器。可用于室外环境检测、室内环境检测、围护结构热工性能检测、暖通空调系统性能检测、给水排水系统性能检测、供配电系统性能检测、照明系统检测、可再生能源系统性能检测、监测与控制系统性能检测、建筑年采暖空调能耗和总能耗检测、绿色建筑节能量测量与验证、绿色建筑温室气体排放计量等各环节检测过程。

通用型模拟量采集模块是根据现场检测过程中标准的电流（4～20mA）、电压（1～5V 或 0～10V）输入信号开发出的统一化标准模拟量采集模块，每个采集模块具有 8 个标准化输入通道，每个通道均可接入电流（4～20mA）或电压（1～5V 或 0～10V）信号，同时每个模拟量采集模块具有独立的无线发射模块用于发射采集信号。

独立式上位接收主机中安装有针对《绿色建筑检测技术标准》开发的专业化绿色建筑现场检测仪器，同时该上位接收主机有独立的无线接收端用于接收由无线发射端发送的实际采集数据，最终为用户提供本项目的实际测评数据。

12.3.3　应用实例

我们以某绿色建筑冷热源系统现场检测为例，具体对比传统检测设备与分布式通用绿色建筑检测平台的差异。

在进入检测现场之前，无论哪种测试方法，都需要对测试任务进行分析，明确测试要求和具体的测试参数。在本测试对比例子中，要求在现场测试冷水机组在实际运行工况下的性能参数、室内环境效果、室外环境效果等。

12.3.3.1　传统检测

若采用传统检测方法，涉及以下测试参数和设备：

1. 冷水机组测试参数和设备

（1）机组冷冻水进、出口水温度（精度±0.1℃）。

（2）机组冷却水进、出口水温度（精度±0.1℃）。

（3）机组冷冻水、冷却水流量（精度±2%）。

（4）压力。

传统水系统各检测项目及所需检测仪器见下表。

传统水系统检测项目及所需仪器一览表　　　　表 12-3

检测项目（单位）	检测仪器
温度（℃）	玻璃水银温度计、铂电阻温度计等各类温度计（仪）
流量（m³/h）	超声波流量计或其他形式流量计
压力（Pa）	压力表

2. 室内测试参数和设备

（1）温度（精度±0.2℃）。

（2）相对湿度（精度±3%）。

（3）风速。

（4）噪声。

传统室内环境检测项目及所需检测仪器见下表。

传统室内环境检测项目及所需仪器一览　　　　表 12-4

检测项目（单位）	检测仪器
温度（℃）	温度计（仪）
相对湿度（%RH）	相对湿度仪
风速（m/s）	风速仪
噪声（dB）	声级计

3. 室外测试参数和设备

（1）温度（精度±0.2℃）。

（2）相对湿度（精度±3%）。

传统室外环境检测项目及所需仪器见下表。

传统室外环境检测项目及所需仪器一览　　　　表 12-5

检测项目（单位）	检测仪器
温度（℃）	温度计（仪）
相对湿度（%RH）	相对湿度仪

4. 电气检测参数

（1）电流。

（2）电压。

（3）功率。

（4）功率因数。

（5）累计电量。

传统电气参数检测项目及所需检测仪器见下表。

传统电气参数检测项目及所需仪器一览　　　　　　　　　表 12-6

检测项目（单位）	检测仪器
电流（A）	交流电流表、交流钳形电流表
电压（V）	电压表
功率（kW）	功率表或电流电压表
功率因数	功率因数表
累计电量（kW·h）	三相电力分析仪

注：依据 GB/T 10870—2001 规定的液体载冷剂法进行系统冷热量测量，现场测量中需要分别对冷热源系统的进出口温度和载冷剂流量进行测试，根据进出口温差和流量计算出系统的冷热量，测试过程中应同时对冷却侧的参数进行监测，以保证测试工况满足测试要求。

可见，为了完成该测试，共需要 11 种不同的测量设备/仪器。这些设备不仅携带不便，现场还需要布线安放，测试期间颇为不便。而且，还需人工记录测量数据，并依据标准得出检测结论，这进一步加重了测试人员的工作量。

12.3.3.2　分布式检测

作为对比，使用分布式绿色建筑通用检测模块，按照图 12-3 所示的架构搭建出分布式通用绿色建筑检测平台。最底层各位传感器与模拟量采集模块通过线缆连接，模拟量采集模块与通信转换模块无线连接，且各通信转换模块间可互为基站，增强信号传输效果，将末端传感器所采集的检测数据上传至上位接收主机进行处理。

根据测试参数，明确采集模块在项目中的实际安放位置：冷水机组测试参数和电气检测参数主要集中于制冷机房内；室内测试参数主要分布于建筑室内环境中；室外测试参数主要在建筑外围环境中。

首先，根据相对位置的关系，选取 3 个通用型模拟量采集模块分别布置于制冷机房（编号为：1#）、室内环境（编号为：2#）和室外环境（编号为：3#）中，同时选取 1 个通信转换模块布置于制冷机房（编号为：4#）。

其次，为 1# 模拟量采集模块选取用于测量冷冻水系统和冷却水系统温度的温度传感器 4 只、用于测试冷冻水系统和冷却水系统流量的流量传感器 2 只；为 2# 模拟量采集模块选取 1 个室内环境温度传感器、1 个室内环境湿度传感器、1 个室内 CO_2 浓度传感器；为 3# 模拟量采集模块选取 1 个室外环境温度传感器、1 个室外环境湿度传感器；为 4# 通信采集模块选取 1 个用于测试冷水机组输入电流、电压和功率等能耗参数的电参数测量模块。

然后，将各传感器按照检测标准要求固定在适当位置，将各传感器连接至各

158

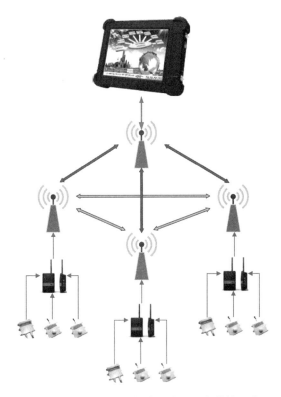

图 12-3　分布式通用绿色建筑检测平台结构示意图

自的通用型模拟量采集模块上。由于模拟量采集模块与通信转换模块间使用 Zig-bee 协议进行无线通信，故免去了在复杂的测试现场长距离布线的工序。且各模拟量采集和通信模块都自带低压直流供电系统，使其更具可移动性，按照检测中各传感器的安装位置实现就近安装布置。

在各传感器、采集模块、通信模块连接并确认各模块工作正常后，在上位接收主机中的检测软件平台中配置绿色建筑现场检测模块与上位机通信的数据通道，确认数据传输正常。此外，还需针对各个测试模块所对应的测试内容，对该通道所测量到的数据信号进行定义，使软件可以正确辨别所测得各数据量的物理意义，以便后续计算处理、展示之用。并进行初步调适。

最后，在绿色建筑现场检测模块的实时检测软件中，可按照需求，对该项目的各检测参数进行查阅，该软件可安装设定时间间隔记录测量数据，并通过内部预先设定的程序，按照《绿色建筑检测技术标准》中相关要求进行计算，得到本次所需的测量结果和检测结论。并自动生成相应项目的测评报告，可供导出。

使用此款分布式绿色建筑通用检测模块，可极大减轻检测人员的工作量。首先，测试设备可根据检测现场实际情况灵活安装，不用再大量布线。测量数据经

Zigbee 无线通信模块上传至上位机中。其次，检测期间，测试人员不再需要手工记录被测数据，一切都由软件根据《绿色建筑检测技术标准》相关检测条目要求自行记录。避免了手工计数产生的数据误差，提高了数据可靠性。最后，绿色建筑通用检测模块的软件还可利用预先编制的模板，自动生成本次检测的检测报告。这减少了检测人员的重复劳动工作量，在保证报告质量的同时，提高了检测效率。

12.4　小结

为了更好推进绿色建筑在我国的发展，解决在当前绿色建筑评价中存在的种种问题，我国在绿色建筑设计标识的基础上，推出了绿色建筑运行评价标识。这使绿色建筑评价标识贯穿于建筑的全生命中期中。从最初设计，中期施工，到后期运营，均有详细的条文规定可供参考评定。

但若落实到实际，绿色建筑运行评价标识的评判必须基于建筑运行实际检测数据。虽然有了与其相对应绿色建筑检测标准，但由于绿色建筑检测的范围大、覆盖面广，现实检测中存在种种不便，如：因为检测条目多，需携带多种大量检测设备到现场；检测设备需要在纷乱的现场进行布线；在检测期间，检测数据需要现场人工读取，加重了检测人员的负担。这些，都对检测人员素质有着较高的要求。

针对这些问题，我们开发了一套分布式绿色建筑通用检测模块。该模块通用性高，可外接多种常用现场传感器。其次，使用 Zigbee 通信协议，可通过无线信号与上位机进行数据传输。有效解决了测试现场需要大量布线的问题。最后，所有检测数据均由现场传感器经过处理后直接上传至上位机检测软件中，省去了人工读表，在减轻检测人员工作量的同时，也减少了人工读取带来的误差。此款分布式绿色建筑通用检测模块可生成统一格式的检测报告，为绿色建筑检测提供统一、标准的检测报告，提升绿色建筑运行评价的效率。

绿色建筑运行不仅要求短时间的定性检测，还需要长时间的持续运行监控。单纯被动地记录建筑各运行数据已无法满足需求，还要有效利用这些监控数据，对建筑运行中的异常波动做出报警和跟踪，使建筑的运行不断优化，实现绿色建筑设计的目标。因此，根据以往实际建筑监测经验，如何在纷繁数据中快速定位和报警，以及优化建筑运行成为工作重点。

当前运行监测着眼的主要还是单栋建筑的运行数据管理，以及根据数据改进建筑运营，实现最优控制。将这种大数据的应用推广到多栋建筑甚至一片建筑区域，根据已有建筑的运行数据，针对新建同类型建筑或建筑群的运行效果进行预测将是未来工作的重点。

参 考 文 献

[1] 曹勇. 建筑设备系统全过程调试技术指南[M]. 北京：中国建筑工业出版社，2013.

[2] 中国物业管理协会设施设备技术委员会. 物业设施设备管理指南[M]. 北京：中国市场出版社，2010.

[3] 中国城市科学研究会. 中国绿色建筑2014[M]. 北京：中国建筑工业出版社，2015.

[4] 田慧峰，张欢，孙大明等. 中国大陆绿色建筑发展现状及前景[J]. 建筑科学，2012(4)：2-7.

[5] 程志军，叶凌. 绿色建筑实施效果调研与评估报告[R]. 中国城市科学研究会绿色建筑研究中心，2011.

[6] 张永宁，魏庆芃. 节能诊断与初调节在某绿色建筑中的应用//2006全国暖通空调制冷学术年会论文集[C]. 2006.

[7] 汤民，孙大明，马素贞. 绿色建筑运行实效问题与碳减排研究分析[J]. 施工技术，2012(2)：30-33.

[8] 邹瑜. 既有建筑低成本和无成本节能措施[J]. 中国物业管理，2010(10)：24-25.